前　言

罗马尼亚大师杯数学竞赛（Romanian Master of Mathematics Competition，RMM）自2008年开始举办，被称为中学生数学奥林匹克竞赛中难度最高的比赛，与国际数学奥林匹克竞赛（International Mathematical Olympiad，IMO）、俄罗斯数学奥林匹克竞赛（Russian Mathematical Olympiad，RMO）并列三大国际数学赛事．

自2009年第二届起，中国几乎每一年都会派队参加．第十二届之前，中国队一般由前一年在中国数学奥林匹克竞赛（Chinese Mathematical Olympiad，CMO）中表现突出的省份成员组队．

中国队曾经在2010年第2届、2013年第5届、2021年第13届罗马尼亚大师杯数学竞赛中获得团体第一名，个人成绩上共获得15枚金牌、17枚银牌、19枚铜牌．

历届罗马尼亚大师杯数学竞赛中国队成绩

届别	团体名次	参赛者	学校	成绩	获得奖项
第1届	未参赛	—	—	—	—
第2届	第1名	唐志皓	上海中学	27分	金牌
		陈家豪	复旦大学附属中学	24分	金牌
		宣炎	复旦大学附属中学	23分	金牌
		阮丰	上海中学	21分	银牌
		李弘毅	华东师范大学第二附属中学	14分	铜牌
		朱靓妤	华东师范大学第二附属中学	10分	—
第3届	第2名	聂子佩	上海中学	42分	金牌
		李弘毅	华东师范大学第二附属中学	30分	银牌
		徐俊楠	复旦大学附属中学	26分	银牌
		张逸昊	上海中学	26分	银牌
		张贻辰	华东师范大学第二附属中学	19分	铜牌
		陆羽豪	复旦大学附属中学	4分	—
第4届	第4名	徐俊楠	复旦大学附属中学	26分	金牌
		周天佑	上海中学	22分	银牌
		顾超	上海市格致中学	17分	铜牌
		佘毅阳	上海中学	17分	铜牌
		林艺儿	复旦大学附属中学	15分	铜牌
		费嘉彦	华东师范大学第二附属中学	13分	铜牌

续表

届别	团体名次	参赛者	学校	成绩	获得奖项
第5届	第1名	陈景文	中国人民大学附属中学	30分	金牌
		魏宏济	中国人民大学附属中学	28分	金牌
		高奕博	中国人民大学附属中学	25分	银牌
		段伯延	中国人民大学附属中学	22分	银牌
		赵伯钧	中国人民大学附属中学	11分	—
		高子珺	北京市第四中学	5分	—
第6届	第13名	陈博涵	武汉市第二中学	23分	银牌
		刘谢威	华中师范大学第一附属中学	16分	铜牌
		徐云昊	武汉市第二中学	14分	—
		张胜桐	武汉市武钢三中	10分	—
		吴雨辰	华中师范大学第一附属中学	6分	—
		黄一山	武汉市武钢三中	3分	—
第7届	第3名	俞辰捷	华东师范大学第二附属中学	39分	金牌
		高继扬	上海中学	32分	金牌
		黄小雨	上海中学	25分	铜牌
		梅灵捷	复旦大学附属中学	23分	铜牌
		侯喆文	华东师范大学第二附属中学	19分	—
		贾鸿翔	复旦大学附属中学	16分	—
第8届	第12名	俞志远	宁波市镇海中学	17分	银牌
		CHENGLAI ZHONG		16分	铜牌
		滕丁维	乐清市知临中学	15分	铜牌
		吴宇航	宁波市镇海中学	15分	铜牌
		HANGQI ZHOU		13分	铜牌
		ZHANGXUE HUANG		7分	—
第9届	第3名	丁力煌	南京外国语学校	42分	金牌
		张冼月	江苏省天一中学	29分	银牌
		高轶寒	南京外国语学校	23分	铜牌
		何家亮	江苏省苏州中学	23分	铜牌
		朱心一	南京外国语学校	20分	铜牌
		邹汉文	南京师范大学附属中学	17分	—

续表

届别	团体名次	参赛者	学校	成绩	获得奖项
第10届	未参赛	—	—	—	—
第11届	第6名	金及凯	华东师范大学第二附属中学	35分	银牌
		杨铮	上海中学	35分	银牌
		李逸凡	上海中学	35分	银牌
		赵文浩	上海中学	35分	银牌
		葛程	上海中学	29分	铜牌
		傅增	复旦大学附属中学	23分	—
第12届	线上参赛（不参加团体排名）	严彬玮	南京师范大学附属中学	32分	金牌
		韩新森	乐清市知临中学	31分	金牌
		梁敬勋	杭州学军中学	29分	金牌
		梅文九	宁波市镇海中学	19分	铜牌
第13届	第1名	戴江齐	南京外国语学校	33分	金牌
		冯晨旭	深圳中学	33分	金牌
		徐子健	北京市十一学校	31分	银牌
		路原	清华大学附属中学	30分	银牌
		温玟杰	长沙市雅礼中学	29分	银牌
		舒炜杰	华中师范大学第一附属中学	21分	铜牌
第14届	未参赛	—	—	—	—
第15届	第2名	王颢锟	华南师范大学附属中学	32	金牌
		何墨尘	中国人民大学附属中学	30	金牌
		彭振乾	中国人民大学附属中学	28	银牌
		徐谦	北京市十一学校	21	铜牌
		宋彦迁	华南师范大学附属中学	21	铜牌

目录

第 1 届罗马尼亚大师杯数学竞赛试题及解答 1

第 2 届罗马尼亚大师杯数学竞赛试题及解答 7

第 3 届罗马尼亚大师杯数学竞赛试题及解答 13

第 4 届罗马尼亚大师杯数学竞赛试题及解答 23

第 5 届罗马尼亚大师杯数学竞赛试题及解答 32

第 6 届罗马尼亚大师杯数学竞赛试题及解答 40

第 7 届罗马尼亚大师杯数学竞赛试题及解答 ... 46

第 8 届罗马尼亚大师杯数学竞赛试题及解答 ... 58

第 9 届罗马尼亚大师杯数学竞赛试题及解答 ... 66

第 10 届罗马尼亚大师杯数学竞赛试题及解答 ... 76

第 11 届罗马尼亚大师杯数学竞赛试题及解答 ... 86

第 12 届罗马尼亚大师杯数学竞赛试题及解答 ... 95

第 13 届罗马尼亚大师杯数学竞赛试题及解答 ... 104

第 14 届罗马尼亚大师杯数学竞赛试题及解答 ... 115

第 15 届罗马尼亚大师杯数学竞赛试题及解答 ... 123

第1届罗马尼亚大师杯数学竞赛试题及解答

(2008年)

第 1 天

1 设 $\triangle ABC$ 是一个等边三角形,点 P 是该三角形内的一个动点,P 到各边的垂直距离分别用 a^2,b^2,c^2 表示,这里 a,b,c 是正实数.求点 P 的轨迹,使 a,b,c 是一个非退化的三角形的边长.

解 所求的轨迹是 $\triangle ABC$ 的内切圆的内点.

为了证明这一点,将这个等边三角形放入笛卡儿(Descartes)空间直角坐标系 $O\text{-}xyz$ 中作为平面 $x+y+z=1$ 内的集合,这里 $x,y,z \geqslant 1$. 设点 P 到 BC 和 CA 的垂线的垂足分别是点 D 和点 E,设点 P 到平面 OBC 和 OCA 的垂线的垂足分别是点 Q 和点 R,那么 $\triangle PQD$ 和 $\triangle PRE$ 相似,所以

$$PQ : PR = PD : PE$$

即

$$x : y = a^2 : b^2$$

这里 (x,y,z) 是点 P 的坐标.同理,我们得到

$$y : z = b^2 : c^2$$

所以

$$a^2 : b^2 : c^2 = x : y : z$$

如果 a,b,c 是一个三角形的边长,那么由海伦(Heron)公式知该三角形的面积的平方是

$$\frac{1}{16}(a+b+c)(-a+b+c)(a-b+c)(a+b-c)$$

所以这个量恒为正.反之亦然.

将这一表达式展开,这就表明当且仅当
$$2\sum b^2c^2 - \sum a^4 > 0$$
时,a,b,c 是一个三角形的边长.因为 a^2,b^2,c^2 正比于 x,y,z,这推出
$$2(x^2+y^2+z^2) < (x+y+z)^2 = 1$$
所以,所求的点的轨迹是立体球 $x^2+y^2+z^2 < \dfrac{1}{2}$ 与平面 $x+y+z=1$ 的交,即该 $\triangle ABC$ 的内切圆的内点.

注 将 (a^2,b^2,c^2) 作为点 P 的重心坐标,用于外接圆半径为 1 的等边三角形中,我们可以计算点 P 到内心 I 的距离,于是这一问题就归结为一个代数问题.事实上,我们可以看到与上面的解类似的情况.

❷ 证明:任何双射函数 $f:\mathbf{Z} \to \mathbf{Z}$ 可写成 $f = u + v$ 的形式,这里 u,v 是双射函数.

证明 为了求 u,v,使 $f = u + v$,只要考虑 f 在 $\mathbf{Z}$ 上恒等即可.为此只要将上面的关系写成 $\mathrm{id}_{\mathbf{Z}} = u \circ f^{-1} + v \circ f^{-1}$.考虑非零整数集合 $\mathbf{Z}^* = \{1,-1,2,-2,\cdots,n,-n,\cdots\}$ 的安排好的次序,我们构建表 1.

表 1

步骤	A	♯	B
1	1	+1	2
2	-1	-2	-3
3	-2	-3	-5
4	3	+4	7
⋮	⋮	⋮	⋮
k	a_k	$\mathrm{sign}(a_k) \cdot k$	$b_k = a_k + \sharp(k)$
⋮	⋮	⋮	⋮

按以下归纳法则完成表格:第一步在 A 列填写 $\mathbf{Z}^*$ 中的第一个数 1,在 ♯ 列中填写步骤数 1,且带 A 的符号,在 B 列填写 A 与 ♯ 的和.现在假定第 i 步的行已完成.在 A 列的第 $i+1$ 行中写上 $\mathbf{Z}^*$ 的次序中在 A 列和 B 列中尚未用过的第一个数,在 ♯ 列中填写数 $i+1$ 并带有在 A 列中刚写过的数的符号,在 B 列中填写 A 列与 ♯ 列的和.

容易看出,以这样的方式我们就得到无穷多个元素,其中 $A \bigcup B = \mathbf{Z}^*$, $A \bigcap B = \varnothing$,而 A 和 B 中的元素不重复.

现在定义 $u(0) = v(0) = 0$,且对 $x \in \mathbf{Z}$ 定义:

(1) 当 $x = a_i \in A$ 时(这表示 x 在 A 列第 i 行),取 $u(x) = -\sharp(i), v(x) = b_i$.

(2) 当 $x = b_j \in B$ 时,取 $u(x) = -\sharp(j), v(x) = a_j$.

显然,u 和 v 都是 $\mathbf{Z}$ 到 $\mathbf{Z}$ 的双射,以及 $\mathrm{id}_{\mathbf{Z}} = u + v$.

第 2 天

3 给定正整数 $a > 1$,证明:任何正整数 N 在数列
$$\{a_n\}_{n \geqslant 1}, a_n = \left[\frac{a^n}{n}\right]$$
中有一个倍数.

证明 在下面的证明过程中,所有的字母均表示非负整数. 解答是利用对 n 取特殊值,仔细地挑选使函数的取值方便.

显然,存在 $e \geqslant 0, q \geqslant 1$,以及
$$M = e^{a^e - e} q, \gcd(q, a) = 1$$
使 M 是 N 的倍数.

我们来考虑值 $n = a^e p$,其中 p 是质数,$p > M$. 于是,由费马(Fermat)小定理($p > M \geqslant a$,所以 $\gcd(a, p) = 1$)
$$a^{a^e(p-1)} - 1 = (a^{p-1})^{a^e} - 1 \equiv 0 \pmod{p}$$
得

所以
$$a^n = a^{a^e} kp + a^{a^e}$$
于是
$$n = a^e p > a^e M \geqslant a^{a^e}$$
$$a_n = \left[\frac{a^n}{n}\right] = e^{a^e - e} k$$

另外,$kp = a^{a^e(p-1)} - 1$. 假定 $p - 1 = m\varphi(q)$,我们有 $a^{\varphi(q)} \equiv 1 \pmod{q}$①,于是 $kp \equiv 0 \pmod{q}$,所以 q 整除 kp. 但是 $p > M > q$,所以 $\gcd(q, a) = 1$,因此 q 整除 k,于是 M(以及一个更强的 N)整除 a_n.

余下要证明的是,我们能够找到 $p - 1 = m\varphi(q)$,即 $p(p > M)$ 必属于首项是 1,公差是 $\varphi(q)$ 的等差数列. 这样的 p 的存在是

---

① φ 是欧拉(Euler)函数,且 $(q, a) = 1$.

由狄利克雷(Dirichilet)定理①所保证的,并且是应该符合国际数学竞赛的.

注 但是为了自我限制一下,我们将对狄利克雷定理的这一特殊情况给出一个证明②.

一个首项是 1,公差是 r 的等差数列包含无穷多个质数(假定 $r > 2$,因为当 $r = 1$ 或 $r = 2$ 时结论显然成立).

我们将用 $d, 1 \leqslant d < r$ 表示 r 的任何一个(真)约数,考虑分解为不可约多项式的多项式 $X^r - 1 \in \mathbf{Z}(X)$,它的根($r$ 个单位根)是

$$\cos \frac{2k\pi}{r} + \mathrm{i}\sin \frac{2k\pi}{r}, 1 \leqslant k \leqslant r$$

当 $k = 1$ 时,1 的 r 次单位主根 ζ 不可能是任何多项式 $X^d - 1$ 的根. 于是 ζ 必是 $X^r - 1$ 的一个不可约因式 $f(X)$ 的根,它不可能是任何 $X^d - 1$ 的因式③. 现在对一切 d,有 $f(X)$ 整除 $\dfrac{X^r - 1}{X^d - 1}$,以及

$$f(X) = \prod_{i=1}^{\deg f}(X - z_i)$$

其中 z_i 在 r 个单位根中,所以 $|z_i| = 1$. 因此,对于任何 $n > 2$,有

$$|f(n)| = \prod_{i=1}^{\deg f}|n - z_i| \geqslant \prod_{i=1}^{\deg f}|n - |z_i|| = (n-1)^{\deg f} > 1$$

现在假定只存在有限多个这样的质数 q,取 $n = r\prod q$④. 因为 $|f(n)| > 1$,所以存在质数 p 整除 $f(n)$,于是对一切 d,p 整除 $\dfrac{n^r - 1}{n^d - 1}$. 于是,对于任何 d,都不能有 p 整除 $n^d - 1$,因为

$$X^{\frac{r}{d}} - 1 = (X - 1)P(X) = (X - 1)Q(X) + R, R = P(1) = \frac{r}{d}$$

所以

$$\frac{n^r - 1}{n^d - 1} = P(n^d) = (n^d - 1)Q(n^d) + \frac{r}{d}$$

而显然 $n^d - 1$ 和 $\dfrac{r}{d}$ 互质(因为 r 整除 n),于是 p 不能整除 $\dfrac{r}{d}$.

这就证明了 $n^r \equiv 1 \pmod{p}$,以及对于任何 d,有 $n^d \not\equiv 1 \pmod{p}$,所以 $r \equiv \mathrm{ord}_p(n)$. 但是 $n^{p-1} \equiv 1 \pmod{p}$(由费马小定理),所以我们必有 r 整除 $p - 1$,即 p 属于上述等差数列. 但是

---

① 狄利克雷定理认为在一个首项和公差互质的等差数列中存在无穷多个质数.

② 这一成果是 A. Rotkiewicz 对一个证明的改进.

③ 事实上(这里并不需要),因为 $\gcd(k, r) = 1$,一切初始根都是次数为 $\varphi(r)$ 的同一个不可约因式 $\Phi_r(X)$,它是阶为 r 的分圆多项式. 于是 $X^r - 1 = \prod_{d \mid r} \Phi_d(X)$,即(不可约)分圆多项式的积.

④ 根据定义如果没有这样的质数可选取,那么 $\prod q = 1$.

对于上面考虑的任何 q，因为 $\gcd(p,n)=1$，所以有 $p\neq q$，于是我们还能找到另一个这样的质数，导致矛盾.

4 证明：从边长为正整数 n 的正方形内部的 $(n+1)^2$ 个点中可以取出三点，使这三点确定的三角形的面积不超过 $\dfrac{1}{2}$.

证明 虽然这一问题常以某种不常见的方式出现，但是解法却涉及利用不等式的简单凸性估计三角形的面积这一新颖而独特的想法.

用 $A=n^2$ 表示该正方形的面积，$P=4n$ 表示该正方形的周长，$N=(n+1)^2$ 表示点的个数. N 个点的集合的凸包将是一个凸 k 边形（包含于给定的正方形），$3\leqslant k\leqslant N$，且 $N-k$ 个点位于其内部（如果任意三点共线，那么这三点将确定一个面积为 0 的三角形，于是得到一个平凡的结果）.

我们将利用以下应用广泛的结果：

利用 $m=N-k$ 个点，对一个（凸）k 边形进行任何三角形的划分都由 $t=(k-2)+2m=2(N-1)-k$ 个三角形组成.①

因为 k 边形凸包的面积至多是 A，利用平均的说法，将存在一个面积至多是

$$\frac{A}{t}=\frac{A}{2(N-1)-k}=f(k)$$

的三角形 Δ_f. 另外，因为 k 边形凸包的周长至多是 P，所以我们可以找到一对长为 a,b 的相邻的边 $\boldsymbol{a},\boldsymbol{b}$，有 $\dfrac{a+b}{2}\leqslant\dfrac{P}{k}$（这也是平均的说法）. 现在，由 $\boldsymbol{a},\boldsymbol{b}$ 确定的三角形 Δ_g 的面积是

$$\frac{1}{2}ab\sin\angle(\boldsymbol{a},\boldsymbol{b})\leqslant\frac{1}{2}\left(\frac{a+b}{2}\right)^2\leqslant\frac{P^2}{2k^2}=g(k)$$

显然，三角形 Δ_f,Δ_g 的界取决于 k，但是 $f(k)$ 是增函数，而 $g(k)$ 是减函数，因此最不理想的情况是在计算 f 和 g 相交处 k_0 的值时出现的，即

$$\frac{A}{2(N-1)-k_0}=\frac{P^2}{2k_0^2}$$

所以

$$k_0^2=16(n+1)^2-16-8k_0$$

因此

$$k_0=4n$$

在 k_0 处计算 f 和 g 的公式得到值 $\dfrac{1}{2}$，这就是我们所要证

---

① t 个三角形的各个角的大小的总和是 $t\pi$；但是顶点贡献了 $(k-2)\pi$，而内点贡献了 $2m\pi$，因此 $t=(k-2)+2m$.

明的.

注 我们可以改进由 $g(k)$ 给出的界；事实上，可以证明能够找到一个面积至多是 $\dfrac{P^2}{2k^2}\sin\dfrac{2\pi}{k}$ 的三角形. 但是，由 $f(k)$ 提供的最小值大于 $\dfrac{1}{2}\left(\dfrac{n}{n+1}\right)^2$，当 n 无限增大时，它收敛于 $\dfrac{1}{2}$，于是就放弃了改进这个界的任何想法. 问题是要改进由 $f(k)$ 给出的界，但是困难在于对较小的 k，寻找有效的方法，从上方界定最小三角形的面积的大小.

这里并非声称 (对于相当大的 n) 这一结果是不能改进的，尽管更好估计的出现难以捉摸；但是以最简单的形式利用鸽笼原理的尝试是天真的 (如果将边长为 n 的正方形分割成 n^2 个单位正方形，那么对于在该正方形内的任何 $2n^2+1$ 个点，在一个单位正方形内将存在三点，于是所确定的一个三角形的面积至多是 $\dfrac{1}{2}$)，几乎必须要有两倍那么多的点，而在该问题中这是可行的 (当 $n=2$ 时，$2\times 2^2+1=(2^2-1)^2$ 除外).

此外，利用三角形 Δ_g 的界 $\dfrac{P^2}{2k^2}\sin\dfrac{2\pi}{k}$，我们能够证明当 $n=2$ 时，存在一个面积至多为 $\dfrac{4}{9}$ 的三角形 (当正确的答案由 $f(7)=\dfrac{4}{9}$ 给出时，临界点 k_0 从 8 移动到 7)，一个比任何界更好的界找到了！

第 2 届罗马尼亚大师杯数学竞赛试题及解答

(2009 年)

第 2 届罗马尼亚大师杯数学竞赛于 2009 年 2 月 26 日至 3 月 2 日在罗马尼亚首都布加勒斯特举行. 中国、美国、俄罗斯、保加利亚、英国、意大利、塞尔维亚、罗马尼亚(派出了三支队伍)共 8 个国家的 10 支队伍参加了比赛. 考试时间是 5 个小时,4 道试题,每题 7 分,共 28 分. 我国派出了由领队熊斌(华东师范大学数学奥林匹克研究中心),副领队冯志刚(上海中学),队员宣炎、陈家豪(复旦大学附属中学),朱靓妤、李弘毅(华东师范大学第二附属中学),阮丰、唐志皓(上海中学)组成的代表队参加了此次竞赛.

本届竞赛共有 57 名学生参加,6 名学生获得金牌(金牌分数线是 23 分),10 名学生获得银牌(银牌分数线是 16 分),23 名学生获得铜牌(铜牌分数线是 11 分).

中国队成绩如下:唐志皓(27 分,金牌,第一名),陈家豪(24 分,金牌,第二名),宣炎(23 分,金牌,第三名(并列)),阮丰(21 分,银牌,第八名(并列)),李弘毅(14 分,铜牌),朱靓妤(10 分).

中国队以总分 74 分获得了此次竞赛的团体第一名(按照每支代表队前三名成绩的和排列).

期间,还举行了庆祝国际数学奥林匹克竞赛 50 周年的庆典活动. 熊斌和冯志刚作为嘉宾参加了这次庆典并获得了纪念证书.

第 1 天

1 对正整数 $a_1, a_2, \cdots, a_k$，记
$$n = \sum_{i=1}^{k} a_i, \quad \binom{n}{a_1, \cdots, a_k} = \frac{n!}{\prod_{i=1}^{k}(a_i!)}$$
令 $d = \gcd(a_1, a_2, \cdots, a_k)$ 表示 $a_1, a_2, \cdots, a_k$ 的最大公约数. 证明：$\dfrac{d}{n}\binom{n}{a_1, \cdots, a_k}$ 是一个整数.

证明 设 $a_1 = dx_1, a_2 = dx_2, \cdots, a_k = dx_k$，则 $(x_1, x_2, \cdots, x_k) = 1$.

由贝祖（Bézout）定理知，存在整数 $u_1, u_2, \cdots, u_k$，使得
$$\sum_{i=1}^{k} u_i x_i = 1$$
所以
$$\sum_{i=1}^{k} u_i a_i = d$$
令
$$S_i = \frac{a_i}{n}\binom{n}{a_1, \cdots, a_k}$$
$$= \frac{(n-1)!}{(a_1!)\cdots(a_{i-1}!)[(a_i-1)!](a_{i+1}!)\cdots(a_k!)}, i = 1, 2, \cdots, k$$
考虑由 a_1 个 $1, a_2$ 个 $2, \cdots\cdots, a_{i-1}$ 个 $i-1, a_i$ 个 i, a_{i+1} 个 $i+1, \cdots\cdots, a_k$ 个 k 这 $n-1$ 个数组成的排列. 易知这样的排列共有 S_i 种. 所以，S_i 是整数. 从而
$$\frac{d}{n}\binom{n}{a_1, \cdots, a_k} = \sum_{i=1}^{k} \frac{u_i a_i}{n}\binom{n}{a_1, \cdots, a_k} = \sum_{i=1}^{k} u_i S_i$$
是整数.

2 一个由空间中的点组成的集合 S 满足性质：S 中任意两点之间的距离互不相同. 假设 S 中的点的坐标 (x, y, z) 都是整数，且 $1 \leqslant x, y, z \leqslant n$. 证明：集合 S 的元素个数小于
$$\min\left\{(n+2)\sqrt{\frac{n}{3}}, n\sqrt{6}\right\}$$

证明 记 $|S|=t$,则对任意的 $(x_1,y_1,z_1),(x_2,y_2,z_2)\in S$,都有
$$(x_1-x_2)^2+(y_1-y_2)^2+(z_1-z_2)^2\leqslant 3(n-1)^2$$
(因为满足 $1\leqslant x,y,z\leqslant n$ 的整点之间的距离不超过 $(1,1,1)$ 与 (n,n,n) 之间的距离),并且依题意,S 中任意两点之间的距离互不相同,故
$$C_t^2\leqslant 3(n-1)^2$$
得
$$t^2-t\leqslant 6(n-1)^2$$
于是
$$t\leqslant \frac{1}{2}+\frac{1}{2}\sqrt{1+24(n-1)^2}<n\sqrt{6}$$
(最后一个不等式等价于 $1+24(n-1)^2<(2n\sqrt{6}-1)^2$,展开后移项即可得到).

另外,对 S 中的任意两点 (x_i,y_i,z_i) 和 (x_j,y_j,z_j),考虑集合 $\{a,b,c\}$(允许出现重复元素),这里
$$a=|x_i-x_j|,b=|y_i-y_j|,c=|z_i-z_j|$$
依题意,所得的 $\{a,b,c\}$ 两两不同,且 $0\leqslant a,b,c\leqslant n-1$($a$,$b$,$c$ 不全为 0).于是
$$C_t^2\leqslant C_n^3+2C_n^2+C_n^1-1 \qquad ①$$
故
$$C_t^2<C_n^3+2C_n^2+C_n^1$$
解得
$$t<\frac{1}{2}+\sqrt{\frac{1}{4}+\frac{1}{3}n(n+1)(n+2)}$$

当 $n\geqslant 3$ 时,有 $t<(n+2)\sqrt{\dfrac{n}{3}}$(这只需证明
$$\frac{1}{2}+\sqrt{\frac{1}{4}+\frac{1}{3}n(n+1)(n+2)}\leqslant (n+2)\sqrt{\frac{n}{3}}$$
$$\Leftrightarrow \frac{1}{4}+\frac{1}{3}n(n+1)(n+2)\leqslant \left[(n+2)\sqrt{\frac{n}{3}}-\frac{1}{2}\right]^2$$
展开后移项,即知此不等式在 $n\geqslant 3$ 时成立).

于是,当 $n\geqslant 3$ 时,总有
$$t\leqslant \min\left\{(n+2)\sqrt{\frac{n}{3}},n\sqrt{6}\right\} \qquad ②$$
而当 $n=1$ 时,$t=1$;当 $n=2$ 时,由式 ① 知 $t\leqslant 3$.此时,式 ② 也成立.命题获证.

第 2 天

3 在平面上给定任意三点不共线的四个点 A_1, A_2, A_3, A_4,使得
$$A_1A_2 \cdot A_3A_4 = A_1A_3 \cdot A_2A_4 = A_1A_4 \cdot A_2A_3$$

记 O_i 是 $\triangle A_kA_jA_l$ 的外心,$\{i,j,k,l\} = \{1,2,3,4\}$. 假设对每个下标 i,都有 $A_i \neq O_i$. 证明:四条直线 A_iO_i 共点或平行.

证明 若四个点 A_1, A_2, A_3, A_4 构成一个凹四边形,不妨设点 A_4 在 $\triangle A_1A_2A_3$ 中,如图 1.

作 $\triangle A_1A_3P \backsim \triangle A_1A_2A_4$,则
$$\angle A_3A_1P = \angle A_4A_1A_2$$
于是,$\angle A_4A_1P = \angle A_2A_1A_3$,且
$$\frac{A_1P}{A_1A_3} = \frac{A_1A_4}{A_1A_2}$$

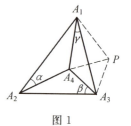

图 1

则
$$\triangle A_1A_2A_3 \backsim \triangle A_1A_4P \Rightarrow \frac{A_4P}{A_2A_3} = \frac{A_1A_4}{A_1A_2}$$
$$\Rightarrow A_4P = \frac{A_1A_4 \cdot A_2A_3}{A_1A_2} = A_3A_4$$

又
$$\frac{A_3P}{A_1A_3} = \frac{A_2A_4}{A_1A_2}$$

则
$$A_3P = \frac{A_1A_3 \cdot A_2A_4}{A_1A_2} = A_3A_4$$

因此
$$A_3P = A_4P = A_3A_4$$

即 $\triangle A_3A_4P$ 是正三角形,故
$$\angle A_1A_2A_4 + \angle A_1A_3A_4 = \angle A_1A_3P + \angle A_1A_3A_4 = 60°$$

同理
$$\angle A_3A_2A_4 + \angle A_3A_1A_4 = 60°, \angle A_2A_1A_4 + \angle A_2A_3A_4 = 60°$$

设
$$\angle A_1A_2A_4 = \alpha, \angle A_2A_3A_4 = \beta, \angle A_3A_1A_4 = \gamma$$

则

$\angle A_1A_3A_4 = 60° - \alpha$, $\angle A_2A_1A_4 = 60° - \beta$, $\angle A_3A_2A_4 = 60° - \gamma$

如图 2,因为 O_1 是 $\triangle A_2A_3A_4$ 的外心,所以
$$\angle A_4A_2O_1 = 90° - \beta$$
于是
$$\angle A_1A_2O_1 = 90° + \alpha - \beta$$
同理
$$\angle A_2A_3O_2 = 90° + \beta - \gamma, \angle A_3A_1O_3 = 90° + \gamma - \alpha$$
又
$$\angle A_4A_3O_1 = 90° - \angle A_4A_2A_3 = 30° + \gamma$$
则
$$\angle A_1A_3O_1 = 90° + \gamma - \alpha$$
同理 $\angle A_2A_1O_2 = 90° + \alpha - \beta$, $\angle A_3A_2O_3 = 90° + \beta - \gamma$

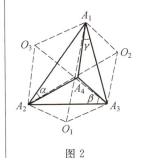

图 2

由角元塞瓦(Ceva)定理得
$$\frac{\sin \angle A_2A_1O_1}{\sin \angle O_1A_1A_3} \cdot \frac{\sin \angle A_3A_2O_1}{\sin \angle O_1A_2A_1} \cdot \frac{\sin \angle A_1A_3O_1}{\sin \angle O_1A_3A_2} = 1$$

因为 $\angle O_1A_3A_2 = \angle O_1A_2A_3$,所以
$$\frac{\sin \angle A_2A_1O_1}{\sin \angle A_3A_1O_1} = \frac{\sin \angle O_1A_2A_1}{\sin \angle O_1A_3A_1} = \frac{\sin(90° + \alpha - \beta)}{\sin(90° + \gamma - \alpha)}$$

同理
$$\frac{\sin \angle A_3A_2O_2}{\sin \angle A_1A_2O_2} = \frac{\sin(90° + \beta - \gamma)}{\sin(90° + \alpha - \beta)}$$

$$\frac{\sin \angle A_1A_3O_3}{\sin \angle A_2A_3O_3} = \frac{\sin(90° + \gamma - \alpha)}{\sin(90° + \beta - \gamma)}$$

故
$$\frac{\sin \angle A_2A_1O_1}{\sin \angle O_1A_1A_3} \cdot \frac{\sin \angle A_3A_2O_2}{\sin \angle O_2A_2A_1} \cdot \frac{\sin \angle A_1A_3O_3}{\sin \angle O_3A_3A_2} = 1$$

因此,A_1O_1, A_2O_2, A_3O_3 三线共点(或者互相平行).

若四个点 A_1, A_2, A_3, A_4 构成一个凸四边形 $A_1A_2A_3A_4$,类似可得 A_1O_1, A_2O_2, A_3O_3 三线共点(或者互相平行).

同理,A_1O_1, A_2O_2, A_4O_4 三线共点(或者互相平行).

综上,四条直线 A_iO_i 共点或平行.

4 对一个由正整数组成的有限集 X,定义
$$\sum(X) = \sum_{x \in X} \arctan \frac{1}{x}$$
设一个由正整数组成的有限集 S,满足 $\sum(S) < \frac{\pi}{2}$. 证明:至少存在一个由正整数组成的有限集 T,使得 $S \subset T$,且 $\sum(T) < \frac{\pi}{2}$.

证明 注意到,当 $\tan \alpha, \tan \beta$ 都为有理数时
$$\tan(\alpha + \beta) = \frac{\tan \alpha + \tan \beta}{1 - \tan \alpha \tan \beta}$$

也为有理数.

熟知 $\sum_{k=1}^{n} \frac{1}{k}$ 在 $n \to +\infty$ 时是发散的,故对任意的正整数 x,和数 $\frac{1}{x} + \frac{1}{x+1} + \cdots + \frac{1}{y}$ 随正整数 y 的增大可以任意大,结合 α, β ($\alpha > \beta$) 都是锐角时

$$\tan(\alpha - \beta) = \frac{\tan\alpha - \tan\beta}{1 + \tan\alpha \cdot \tan\beta} < \tan\alpha - \tan\beta$$

可知

$$\tan\left[\sum(S) - \arctan\frac{1}{x} - \arctan\frac{1}{x+1} - \cdots - \arctan\frac{1}{y}\right]$$
$$< \frac{p}{q} - \left(\frac{1}{x} + \frac{1}{x+1} + \cdots + \frac{1}{y}\right)$$

随着 y 的增大可以任意小($\tan[\sum(S)] = \frac{p}{q}$, p, q 为互质的正整数),而 $x - 1$ 为 S 中的最大元. 因此,存在正整数 $y \geq x - 1$,使得

$$0 \leq \alpha = \sum(S) - \arctan\frac{1}{x} - \arctan\frac{1}{x+1} - \cdots - \arctan\frac{1}{y}$$
$$< \arctan\frac{1}{y+1}$$

依如下方式来定义集合 T.

首先取 $T = S$,在 $0 < \alpha$ 时,设 $\tan\alpha = \frac{p_0}{q_0}$ (p_0, q_0 为互质的正整数),则存在正整数 t,使得

$$\frac{1}{t} \leq \frac{p_0}{q_0} < \frac{1}{t-1}$$

将 t 加入集合 T,则 t 大于原来 T 中的最大元素,并有

$$\tan\left(\alpha - \arctan\frac{1}{t}\right) = \frac{\frac{p_0}{q_0} - \frac{1}{t}}{1 + \frac{p_0}{tq_0}} = \frac{p_0 t - q_0}{p_0 + tq_0}$$

这里,$p_0 t - q_0 < p_0$.

再用 $\alpha - \arctan\frac{1}{t}$ 代替 α,重复上述讨论,可知每次在集合 T 中增加一个元素后,所得的新的 $\tan\alpha$ 的分子严格减小,除非 $\alpha = 0$. 因此,存在满足条件的集合 T.

第3届罗马尼亚大师杯数学竞赛试题及解答

(2010年)

第3届罗马尼亚大师杯数学竞赛于2010年2月24日至3月1日在布加勒斯特举行,它是由罗马尼亚数学会主办,由 The National College "Tudor Vianu" 承办的一次国际邀请赛,在 IMO 上成绩突出的中国、俄罗斯、美国与其周边的一些欧洲国家受邀参加.同期罗马尼亚还举行了大师杯物理竞赛.

受中国数学会奥林匹克委员会委派,上海市数学会中教委员会组队代表中国参加了今年的罗马尼亚大师杯数学竞赛,领队是冯志刚(上海中学),副领队是刘初喜(华东师范大学第二附属中学),6名队员是徐俊楠、陆羽豪(复旦大学附属中学),张贻辰、李弘毅(华东师范大学第二附属中学),张逸昊、聂子佩(上海中学).

考试分两天进行,分别是2月26日和27日,每次3道试题,每道试题7分,时间是4小时30分钟.这次比赛中,我们取得了总分第二的佳绩,参赛同学中有1人获金牌、3人获银牌,其中聂子佩同学在所有参赛选手中获得了唯一的满分.

本届竞赛共有71名同学参加,7名同学获得了金牌,13名同学获得了银牌,23名同学获得了铜牌.金牌分数线是31分,银牌分数线是20分,铜牌分数线是11分.中国队获奖学生的得分如下:

聂子佩　42分　金牌　　　李弘毅　30分　银牌
徐俊楠　26分　银牌　　　张逸昊　26分　银牌
张贻辰　19分　铜牌

按照每队的前三名成绩之和排列名次,前5名队伍的成绩如下:

俄罗斯　101分
中国　　98分
美国　　85分
塞尔维亚　67分
保加利亚　65分

下面是本次竞赛的试题和解答,其中除第3题选自张逸昊和徐俊楠同学的解法外,其余都是聂子佩同学的解答.

第 1 天

1 对一个由有限个素数组成的集合 P,用 $m(P)$ 表示具有下述性质的连续正整数的个数的最大值,这些连续正整数中的每个数都能被 P 中的至少一个元素整除.

(1) 证明:$|P| \leqslant m(P)$,等号当且仅当 $\min P > |P|$ 时取到.

(2) 证明:$m(P) < (|P|+1)(2^{|P|}-1)$.

这里 $|P|$ 表示集合 P 的元素个数.

证明 设 $1 < p_1 < p_2 < \cdots < p_k$ 是集合 P 中的元素,则 $k = |P| \geqslant 1$.

(1) 由中国剩余定理可知,存在正整数 a,使得 $a \equiv -i \pmod{p_i}$,即 $p_i \mid a+i$,因此,存在 k 个连续正整数 $a+1,\cdots,a+k$,它们具有题中的性质,从而 $m(P) \geqslant k$.

注意到,当 $\min P > k$ 时,对集合 P 中的每个元素而言,任意连续 $k+1$ 个正整数中至多有一个是其倍数,但由抽屉原则可知,任意具有题中性质的连续 $k+1$ 个正整数中,应有两个数同时是集合 P 中某个数的倍数.因此,此时 $m(P) = k$.

另外,当 $\min P \leqslant k$ 时,再次运用中国剩余定理,对 $1,2,\cdots,k$ 的任意一个排列 $r_1,\cdots,r_k$,都存在正整数 a,使得 $a \equiv -r_i \pmod{p_i}$,特别地,设 $r_1 \equiv k+1-p_1$,则数 $a+1,\cdots,a+k,a+k+1$ 符合要求,这时 $m(P) > k$.

综上可知,(1) 成立.

(2) 只要证明在连续 $(k+1)(2^k-1)$ 个正整数中,必有一个数与 $p_1,p_2,\cdots,p_k$ 互质.

设 A 是集合 P 的一个子集,T_A 是这连续 $(k+1)(2^k-1)$ 个正整数中满足其为 A 中每个数的倍数的数的集合.

设 $m = (k+1)(2^k-1)$,由容斥原理,这些数中与 $p_1,p_2,\cdots,p_k$ 互质的数的个数为 $\sum\limits_{A \subseteq P}(-1)^{|A|} \cdot |T_A|$.我们只要证明

$$\sum_{A \subseteq P}(-1)^{|A|} \cdot |T_A| > 0$$

由于

$$\frac{m}{\prod\limits_{p_i \in A}p_i} - 1 < |T_A| < \frac{m}{\prod\limits_{p_i \in A}p_i} + 1$$

且 $T_A = m$，故只要证明
$$\sum_{A \subseteq P} (-1)^{|A|} \frac{m}{\prod_{p_i \in A} p_i} \geqslant 2^k - 1$$

这等价于
$$m \prod_{p_i \in A} \left(1 - \frac{1}{p_i}\right) \geqslant 2^k - 1$$

即
$$\prod_{p_i \in A} \left(1 - \frac{1}{p_i}\right) \geqslant \frac{1}{k+1}$$

由 $1 < p_1 < p_2 < \cdots < p_k$，知 $p_i \geqslant i+1$，$i = 1, 2, \cdots, k$，故
$$\prod_{p_i \in A} \left(1 - \frac{1}{p_i}\right) \geqslant \prod_{i=1}^{k} \left(1 - \frac{1}{i+1}\right) = \prod_{i=1}^{k} \frac{i}{i+1} = \frac{1}{k+1}$$

从而就有
$$\sum_{A \subseteq P} (-1)^{|A|} \cdot |T_A| > 0$$

即这 $(k+1)(2^k - 1)$ 个正整数中，必有一个数与 $p_1, p_2, \cdots, p_k$ 互质，所以
$$m(P) < (|P| + 1)(2^{|P|} - 1)$$

❷ 对每一个正整数 n，求具有下述性质的最大常数 C_n：对任意 n 个定义在闭区间 $[0,1]$ 上的实值函数 $f_1(x)$，$f_2(x), \cdots, f_n(x)$，都存在实数 $x_1, x_2, \cdots, x_n$，满足 $0 \leqslant x_i \leqslant 1$，且
$$|f_1(x_1) + f_2(x_2) + \cdots + f_n(x_n) - x_1 x_2 \cdots x_n| \geqslant C_n$$

解 所求的最大常数 $C_n = \dfrac{n-1}{2n}$。

一方面，取 $x_1 = x_2 = \cdots = x_n = 1$，得
$$\text{左式} = \left| \sum_{i=1}^{n} f_i(1) - 1 \right|$$

取
$$x_1 = x_2 = \cdots = x_n = 0$$

得
$$\text{左式} = \left| \sum_{i=1}^{n} f_i(0) \right|$$

取 $x_i = 0$，$x_j = 1$，$j \neq i$，得
$$\text{左式} = \left| \sum_{j \neq i} f_j(1) + f_i(0) \right|$$

利用三角形不等式可知
$$(n-1) \left| \sum_{i=1}^{n} f_i(1) - 1 \right| + \sum_{i=1}^{n} \left| \sum_{j \neq i} f_j(1) + f_i(0) \right| +$$

$$|\sum_{i=1}^{n} f_i(0)|$$
$$\geqslant |(n-1)[\sum_{i=1}^{n} f_i(1) - 1] - \sum_{i=1}^{n}[\sum_{j\neq i} f_j(1) + f_i(0)] +$$
$$\sum_{i=1}^{n} f_i(0)|$$
$$= n-1$$

故
$$|\sum_{i=1}^{n} f_i(1) - 1|, |\sum_{i=1}^{n} f_i(0)|$$
$$|\sum_{j\neq i} f_j(1) + f_i(0)|, i=1,2,\cdots,n$$

中必有一个数不小于 $\frac{n-1}{2n}$，从而，$C_n \geqslant \frac{n-1}{2n}$.

另一方面，令 $f_i(x) = \frac{x}{n} - \frac{n-1}{2n^2}$，$i=1,2,\cdots,n$，我们证明：对任意实数 $x_1, x_2, \cdots, x_n \in [0,1]$，都有

$$|f_1(x_1) + f_2(x_2) + \cdots + f_n(x_n) - x_1 x_2 \cdots x_n| \leqslant \frac{n-1}{2n}$$

为此，只需证明

$$1 - n \leqslant n x_1 \cdots x_n - \sum_{i=1}^{n} x_i \leqslant 0$$

左边不等式等价于
$$(n-1)x_1 \cdots x_n + (x_1-1)(x_2 \cdots x_n - 1) + \cdots +$$
$$(x_{n-1}-1)(x_n-1) \geqslant 0$$

此式中每一个加项都不小于 0，故结论成立.

右边不等式等价于
$$\sum_{i=1}^{n} x_i - n x_1 \cdots x_n \geqslant 0 \Leftrightarrow \sum_{i=1}^{n} x_i \left(1 - \frac{x_1 \cdots x_n}{x_i}\right) \geqslant 0$$

同上可知亦成立. 所以，$C_n \leqslant \frac{n-1}{2n}$.

综上所述，所求的最大常数为 $C_n \leqslant \frac{n-1}{2n}$.

❸ 设 $A_1 A_2 A_3 A_4$ 是一个凸四边形，它的两组对边都不平行. 对 $i=1,2,3,4$，定义圆 ω_i 如下：它在四边形的外部，且与直线 $A_{i-1}A_i$，$A_i A_{i+1}$ 和 $A_{i+1}A_{i+2}$ 都相切，设 T_i 是 ω_i 与边 $A_i A_{i+1}$ 的切点（下标在模 4 的意义下取，故 $A_0 = A_4$，$A_5 = A_1$，$A_6 = A_2$）.

证明：直线 $A_1 A_2$，$A_3 A_4$，$T_2 T_4$ 三线共点的充要条件是 $A_2 A_3$，$A_4 A_1$，$T_1 T_3$ 三线共点.

证法 1 不妨设射线 A_2A_1 与 A_3A_4 交于点 X,而射线 A_1A_4 与 A_2A_3 交于点 Y. 由对称性,只需证明:若 X,T_4,T_2 三点共线,则 A_2A_3,A_4A_1,T_1T_3 三线共点.

延长点 X,T_4,T_2 所共的线交圆 ω_2 于另外一点 T_2'. 由圆 ω_2 与 ω_4 关于点 X 位似,知点 T_4 与 T_2' 是该位似变换下的对称点,因此圆 ω_4 过点 T_4 的切线与圆 ω_2 过点 T_2' 的切线平行. 设点 Y' 是圆 ω_2 过点 T_2' 的切线与直线 A_2A_3 的交点,则 $Y'T_2' \parallel YT_4$,故
$$\angle YT_2T_4 = \angle Y'T_2'T_2' = \angle Y'T_2'T_2 = \angle YT_4T_2$$
从而,$YT_2 = YT_4$,于是 $C_3T_4 = B_3T_2$,且 $B_1T_4 = C_1T_4$. 这里 B_i,C_i 分别是圆 ω_i 与 $A_{i-1}A_i, A_{i+1}A_{i+2}$ 的交点(下标在模 4 意义下取).

进一步,有
$$B_4T_3 = C_3T_4 = B_3T_2 = T_3C_2$$
同理有,$C_4T_1 = T_1B_2$. 结合
$$XC_4 = XB_4, XB_2 = XC_2$$
可得 $XT_1 = XT_3$,故
$$\angle XT_1T_3 = \angle XT_3T_1$$

现设
$$\angle C_1A_2T_1 = \alpha, \angle B_3A_3T_3 = \beta$$
则
$$\angle C_1T_1A_2 = 90° - \frac{\alpha}{2}, \angle A_3B_3T_3 = 90° - \frac{\beta}{2}$$
而
$$\angle T_1XT_2 = \alpha + \beta - 180°$$
于是
$$\angle XT_1T_3 = \angle XT_3T_1 = 180° - \frac{\alpha+\beta}{2}$$
$$\angle A_2T_1T_3 = \frac{\alpha+\beta}{2}$$
得
$$\angle C_1T_1T_3 + \angle C_1B_3T_3 = 180°$$
所以,C_1,B_2,T_3,T_1 四点共圆. 同理可得,C_3,B_1,T_2,T_1 四点共圆,结合 C_1,B_3,C_3,B_1 四点也共圆,可知三条根轴 A_2A_3,A_4A_1,T_1T_3 三线共点(或平行),而 A_2A_3,A_4A_1 相交,故它们共点.

命题获证.

证法 2 不妨设射线 A_4A_1 与 A_2A_3 交于点 Q,而射线 A_3A_4 与 A_2A_1 交于点 P. 设
$$\angle QA_1A_2 = \alpha, \angle QA_2A_1 = \beta, \angle PA_4A_1 = \gamma, \angle QA_3P = 180° - \delta$$
注意到
A_2A_3, A_4A_1, T_1T_3 三线共点 $\Leftrightarrow Q,T_1,T_3$ 三点共线
$\Leftrightarrow$ 点 T_1,T_3 到两边 QT_2,QT_4 的距离的比相同
$\Leftrightarrow \dfrac{\sin \angle A_1QT_1}{\sin \angle A_2QT_1} = \dfrac{\sin \angle A_1QT_3}{\sin \angle A_2QT_3}$

由
$$\frac{A_1Q\sin\angle A_1QT_1}{A_2Q\sin\angle A_2QT_1}=\frac{S_{\triangle QA_1T_1}}{S_{\triangle QA_2T_1}}=\frac{A_1T_1}{A_2T_1}$$

知
$$\frac{\sin\angle A_1QT_1}{\sin\angle A_2QT_1}=\frac{A_2Q}{A_1Q}\cdot\frac{A_1T_1}{A_2T_1}$$

利用正弦定理及圆 ω_1 为内切圆,可知
$$\frac{A_2Q}{A_1Q}\cdot\frac{A_1T_1}{A_2T_1}=\frac{\sin\alpha}{\sin\beta}\cdot\frac{\cot\frac{\alpha}{2}}{\cot\frac{\beta}{2}}=\frac{\cos^2\frac{\alpha}{2}}{\cos^2\frac{\beta}{2}}$$

类似地,结合圆 ω_4 为旁切圆,可知
$$\frac{\sin\angle A_1QT_3}{\sin\angle A_2QT_3}=\frac{\cos^2\frac{\gamma}{2}}{\cos^2\frac{\delta}{2}}$$

因此
A_2A_3, A_4A_1, T_1T_3 三线共点

$\Leftrightarrow \dfrac{\cos^2\frac{\alpha}{2}}{\cos^2\frac{\beta}{2}}=\dfrac{\cos^2\frac{\gamma}{2}}{\cos^2\frac{\delta}{2}} \Leftrightarrow \cos^2\frac{\alpha}{2}\cos^2\frac{\delta}{2}=\cos^2\frac{\beta}{2}\cos^2\frac{\gamma}{2}$

同理可证

A_1A_2, A_3A_4, T_2T_4 三线共点
$$\Leftrightarrow \cos^2\frac{\alpha}{2}\cos^2\frac{\delta}{2}=\cos^2\frac{\beta}{2}\cos^2\frac{\gamma}{2}$$

所以命题成立.

第 2 天

4 问:是否存在一个系数都为整数的两变量多项式 $f(x_1, x_2)$ 和平面上的两个点 $A(a_1, a_2), B(b_1, b_2)$ 同时满足下面的所有条件:

(1) A 是一个整点(即 a_1, a_2 都是整数).

(2) $|a_1-b_1|+|a_2-b_2|=2\,010$.

(3) 对平面上所有整点 (n_1, n_2)(不同于点 A),都有 $f(n_1, n_2)>f(a_1, a_2)$.

(4) 对平面上所有点 (x_1, x_2)(不同于点 B),都有 $f(x_1, x_2)>f(b_1, b_2)$.

解 存在满足条件的多项式 $f(x_1,x_2)$ 和平面上的两个点 $A(a_1,a_2),B(b_1,b_2)$. 令
$$a_1=a_2=0, b_1=\frac{1}{3}, b_2=\frac{6\,029}{3}$$
$$f(x_1,x_2)=(3x_1-1)^2+2(6\,029x_1-x_2)^2$$
则条件(1),(2)显然满足. 对于条件(3)
$$f(a_1,a_2)=f(0,0)=1$$
此时,对平面上所有整点 (n_1,n_2)(不同于点 A),若 $6\,029n_1\neq n_2$,则
$$f(n_1,n_2)\geqslant 2(6\,029n_1-n_2)^2\geqslant 2>1$$
若 $6\,029n_1=n_2$,则 $n_1\neq 0$(因为不同于点 A),此时
$$f(n_1,n_2)\geqslant (3n_1-1)^2\geqslant 2^2>1$$
故条件(3)成立. 对于条件(4),$f(b_1,b_2)=0$,若 $6\,029x_1\neq x_2$,则
$$f(x_1,x_2)\geqslant 2(6\,029x_1-x_2)^2>0$$
若 $6\,029x_1=x_2$,则 $x_1\neq \frac{1}{3}$(因为不同于点 B),此时
$$f(x_1,x_2)\geqslant (3x_1-1)^2>0$$
故条件(4)成立.

问题获解.

> **5** 设 n 为给定的正整数. 若一个由平面上的整点组成的集合 K 满足下述条件,则称之为连通的:对任意一对点 $R,S\in K$,都存在一个正整数 l 及由 K 中的点组成的序列 $R=T_0$, $T_1,\cdots,T_l=S$. 这里每个 T_i 与 T_{i+1} 之间的距离都是 1. 对这样的一个集合 K,定义 $\Delta(K)=\{\overrightarrow{RS}\mid R,S\in K\}$. 对所有由平面上的 $2n+1$ 个整点组成的连通集 K,求 $|\Delta(K)|$ 的最大可能值.

解 $|\Delta(K)|$ 的最大可能值为 $2n^2+4n+1$.

一方面,取集合 $K=\{(0,0)\}\cup\{(0,i)\mid i=1,2,\cdots,n\}\cup\{(i,0)\mid i=1,2,\cdots,n\}$,它是连通的,且 $|K|=2n+1$,而
$$|\Delta(K)|=\{(0,0)\}\cup\{(0,\pm i)\mid i=1,2,\cdots,n\}$$
$$\cup\{(\pm i,0)\mid i=1,2,\cdots,n\}$$
$$\cup\{(-i,j)\mid i,j=1,2,\cdots,n\}$$
$$\cup\{(i,-j)\mid i,j=1,2,\cdots,n\}$$
此时
$$|\Delta(K)|=2n^2+4n+1$$

另一方面,我们证明:对任意满足 $|K|=2n+1$ 的连通集,都有

$$|\Delta(K)| \leqslant 2n^2 + 4n + 1$$

构造图 G,使得 G 中的顶点就是 K 中的点,若 G 中两点对应集合 K 中的纵坐标相同而横坐标差 1 的两个点,则在它们之间连一条红边,若 G 中两点对应集合 K 中的横坐标相同而纵坐标差 1 的两个点,则在它们之间连一条蓝边.由于 K 是连通的,故 G 为连通图,取 G 的一个生成树 G_0,并记 G_0 的红边数、蓝边数分别为 e_r 和 e_b,则 $e_r + e_b = 2n$.记 G_0 中所有的红边为 $A_i A_i', i = 1, 2, \cdots, e_r$,所有的蓝边为 $B_i B_i', i = 1, 2, \cdots, e_b$,并用同样的记号表示 K 中对应的边,设 A_i' 在 A_i 右边,而 B_i' 在 B_i 上边.

现在,构造图 M,使得 M 中的顶点是 K 中任意两个不同点所构成的向量,这些向量中有一些相等,则
$$|M| = 2C_{2n+1}^2 = 4n^2 + 2n$$

我们将 $\overrightarrow{A_i A_j}$ 和 $\overrightarrow{A_i' A_j'}$ 对应的 M 中的顶点之间连一条红色的边,$i \neq j, 1 \leqslant i, j \leqslant e_r$.将 $\overrightarrow{B_i B_j}$ 和 $\overrightarrow{B_i' B_j'}$ 对应的 M 中的顶点之间连一条蓝色的边,$i \neq j, 1 \leqslant i, j \leqslant e_b$.

对这样得到的图 M 而言,由于各 A_i 不同,各 B_j 不同,故 M 任意两点之间所连边数都不超过 1,而 $\overrightarrow{A_i' A_j'}$ 是 $\overrightarrow{A_i A_j}$ 向右平移一个单位所得,$\overrightarrow{B_i' B_j'}$ 是 $\overrightarrow{B_i B_j}$ 向上平移一个单位所得,因此,M 中没有两个顶点之间既连了红色边又连了蓝色边.这表明 M 是简单图.

若 M 中有圈:$\overrightarrow{C_1 D_1} \to \overrightarrow{C_2 D_2} \to \cdots \to \overrightarrow{C_k D_k} \to \overrightarrow{C_1 D_1}$(中间所连的边既有红边,也有蓝边),则 $C_1, C_2, \cdots, C_k, C_1$ 是 G_0 中的一个圈,与 G_0 为树矛盾.

所以,M 是若干个树的并集.由于 M 中某两点之间连边意味着它们在 K 中对应的向量相等,故 K 中对应的非零向量的个数等于 M 的连通分支的个数,即 $|M| - e(M)$(这里 $e(M)$ 为 M 的边数).因此
$$\begin{aligned}
|\Delta(K)| &= |M| - e(M) + 1 = 4n^2 + 2n - 2C_{e_r}^2 - 2C_{e_b}^2 + 1 \\
&= 4n^2 + 4n + 1 - (e_r^2 - e_b^2) \\
&\leqslant 4n^2 + 4n + 1 - \frac{1}{2}(e_r - e_b)^2 \\
&= 2n^2 + 4n + 1
\end{aligned}$$

综上可知,所求最大值为 $2n^2 + 4n + 1$.

❻ 给定一个有理系数多项式 f,其次数 $d \geqslant 2$.定义集合列 $f^0(\mathbf{Q}), f^1(\mathbf{Q}), \cdots$ 如下:$f^0(\mathbf{Q}) = \mathbf{Q}, f^{n+1}(\mathbf{Q}) = f[f^n(\mathbf{Q})]$, $n \geqslant 0$(对给定的集合 S,有 $f(S) = \{f(x) \mid x \in S\}$).

设 $f^\omega(\mathbf{Q}) = \sum_{n=0}^{\infty} f^n(\mathbf{Q})$ 是由属于所有集合 $f^n(\mathbf{Q})$ 的元素组成的集合.证明:$f^\omega(\mathbf{Q})$ 是一个有限集.

证明 设 $f(x)=\dfrac{1}{M}(a_d x^d+\cdots+a_0)$，这里 M 为正整数，$a_i\in\mathbf{Z}, a_d\neq 0, d\geqslant 2$. 先建立下面的引理.

引理：设 $\dfrac{p}{q}\in\mathbf{Q}, p$ 为非零整数，q 为正整数，且 $(p,q)=1$，则存在正常数 C_1，使得当 $q>C_1$ 时，都有 $f\left(\dfrac{p}{q}\right)\neq 0$，且设 $f\left(\dfrac{p}{q}\right)=\dfrac{r}{s}$，$r$ 为非零整数，s 为正整数，且 $(r,s)=1$，则 $s>q$.

事实上，当 q 充分大时，若总存在 $\dfrac{p}{q}$，使得 $f\left(\dfrac{p}{q}\right)=0$，则方程 $f(x)=0$ 有无穷多个根，矛盾. 故当 q 充分大时，总有 $f\left(\dfrac{p}{q}\right)\neq 0$.

现在
$$\frac{r}{s}=\frac{1}{Mq^d}(a_d p^d+a_{d-1}p^{d-1}q+\cdots+a_0 q^d)$$

而
$$\begin{aligned}&(Mq^d, a_d p^d+a_{d-1}p^{d-1}q+\cdots+a_0 q^d)\\ &\leqslant M(q^d, a_d p^d+a_{d-1}p^{d-1}q+\cdots+a_0 q^d)\\ &\leqslant M(q^d,(a_d p^d+a_{d-1}p^{d-1}q+\cdots+a_0 q^d)^d)\\ &=M(q,a_d p^d)^d=M(q,a_d)^d\\ &\leqslant M|a_d|^d\end{aligned}$$

因此，结合 $d\geqslant 2$，可知当 q 充分大时，有
$$s\geqslant\frac{Mq^d}{M|a_d|^d}>q$$

引理获证.

回到原题，由 $d\geqslant 2$，可知当 $|x|$ 充分大时，$|f(x)|>|x|$，设对正常数 C_2，当 $|x|>C_2$ 时，有 $|f(x)|>|x|$.

现在，对 $f^\omega(\mathbf{Q})$ 中的任一元素 $\dfrac{p_0}{q_0}$，可设
$$\frac{p_0}{q_0}=f^1\left(\frac{p_1}{q_1}\right)=f^2\left(\frac{p_2}{q_2}\right)=\cdots$$

（这里的分数的分母都是正整数，且分子与分母互质，将 0 写为 $\dfrac{0}{1}$）. 而对每个 $\dfrac{p_n}{q_n}, n=1,2,\cdots$，若 $q_n>\max\{C_1,q_0\}$，则由引理可知 $q_n<f^1\left(\dfrac{p_n}{q_n}\right)$ 的既约分母 $<\cdots<f^n\left(\dfrac{p_n}{q_n}\right)$ 的既约分母 $=q_0$，矛盾，故 $q_n\leqslant\max\{C_1,q_0\}$.

对每个 $\dfrac{p_n}{q_n}, n=1,2,\cdots$，若 $\left|\dfrac{p_n}{q_n}\right|>\max\left\{\dfrac{p_0}{q_0},C_2\right\}$，则
$$\left|\frac{p_n}{q_n}\right|<\left|f^1\left(\frac{p_n}{q_n}\right)\right|<\cdots<\left|f^n\left(\frac{p_n}{q_n}\right)\right|=\frac{p_0}{q_0}$$

矛盾,故
$$\left|\frac{p_n}{q_n}\right| \leqslant \max\left\{\frac{p_0}{q_0}, C_2\right\}$$

因此当 $\frac{p_0}{q_0}(\neq 0)$ 确定后, $\frac{p_n}{q_n}, n=1,2,\cdots$ 只能取有限个不同的值,这表明存在正整数 $k<n$,使得 $\frac{p_k}{q_k}=\frac{p_n}{q_n}$,于是
$$\frac{p_0}{q_0}=f^k\left(\frac{p_k}{q_k}\right)=f^n\left(\frac{p_n}{q_n}\right)=f^n\left(\frac{p_k}{q_k}\right)$$
$$=f^{n-k}\left[f^k\left(\frac{p_k}{q_k}\right)\right]=f^m\left(\frac{p_0}{q_0}\right)$$
这里 $m=n-k$ 为正整数.

若 $q_0>C_1$,则由引理可知 $q_0<f^1\left(\frac{p_0}{q_0}\right)$ 的既约分母 $<\cdots<f^m\left(\frac{p_m}{q_m}\right)$ 的既约分母 $=q_0$,矛盾,故 $q_0\leqslant C_1$.

若 $\left|\frac{p_0}{q_0}\right|>C_2$,则
$$\left|\frac{p_0}{q_0}\right|<\left|f^1\left(\frac{p_0}{q_0}\right)\right|<\cdots<\left|f^m\left(\frac{p_0}{q_0}\right)\right|=\frac{p_0}{q_0}$$
矛盾,故 $\left|\frac{p_0}{q_0}\right|\leqslant C_2$.

注意到,满足 $q_0\leqslant C_1$,且 $\left|\frac{p_0}{q_0}\right|\leqslant C_2$ 的有理数只有有限个,因此 $f^\infty(\mathbf{Q})\backslash\{0\}$ 为有限集,命题获证.

第4届罗马尼亚大师杯数学竞赛试题及解答

(2011年)

第4届罗马尼亚大师杯数学竞赛于2011年2月23日至27日在布加勒斯特举行,它是由罗马尼亚数学会主办,由 The National College "Tudor Vianu" 承办的一次国际邀请赛,在 IMO 上成绩突出的中国、俄罗斯、美国及其周边的一些欧洲国家受邀参加,参赛队伍共15支.

受中国数学会奥林匹克委员会委派,上海市中教委员会组队代表中国参加了此次竞赛.领队是冯志刚(上海中学),副领队是陈金辉(复旦大学附属中学),6名队员是徐俊楠、林艺儿(复旦大学附属中学),费嘉彦(华东师范大学第二附属中学),顾超(上海市格致中学),佘毅阳、周天佑(上海中学).

考试分两天进行,每天4小时30分钟,3道试题.

以下是本次竞赛的试题和解答(解答由主试委员会给出).

第 1 天

1 证明:存在两个函数 $f,g:\mathbf{R}\to\mathbf{R}$,使得函数 $f[g(x)]$ 在 $\mathbf{R}$ 上是严格递减的,而 $g[f(x)]$ 在 $\mathbf{R}$ 上是严格递增的.

证明 设
$$A=\bigcup_{k\in\mathbf{Z}}([-2^{2k+1},-2^{2k}]\cup(2^{2k},2^{2k+1}])$$
$$B=\bigcup_{k\in\mathbf{Z}}([-2^{2k},-2^{2k-1})\cup(2^{2k-1},2^{2k}])$$

则 $A=2B, B=2A, A=-A, B=-B, A\cap B=\varnothing$
且 $A\cup B\cup\{0\}=\mathbf{R}$. 令
$$f(x)=\begin{cases}x, x\in A\\-x, x\in B\\0, x=0\end{cases}$$
$$g(x)=2f(x)$$

则 $$f[g(x)]=f[2f(x)]=-2x$$
而 $$g[f(x)]=2f[f(x)]=2x$$

所以,存在满足条件的函数.

2 求所有的正整数 n,使得存在一个实系数多项式 $f(x)$,满足下面的两个条件:

(1) 对任意整数 k,数 $f(k)$ 为整数的充要条件是 k 不能被 n 整除.

(2) 多项式 $f(x)$ 的次数小于 n.

解法 1 $n=1$ 或 n 是某个质数的幂.

首先证明三个引理.

引理 1:若 p^α 是一个素数的幂,k 是一个整数,则数
$$C_{k-1}^{p^\alpha-1}=\frac{(k-1)(k-2)\cdots(k-p^\alpha+1)}{(p^\alpha-1)!}$$
能被 p 整除的充要条件是 k 不能被 p^α 整除.

引理 1 的证明:用 $L_p(m)$ 表示满足 $p^r\mid m$ 的最大整数 r.

若 $p^\alpha\mid k$,则 $L_p(j)<\alpha, 1\leqslant j\leqslant p^\alpha-1$,从而
$$L_p(k-j)=L_p(j)=L_p(p^\alpha-j)$$
故

$$\frac{(k-1)(k-2)\cdots(k-p^\alpha+1)}{(p^\alpha-1)!}$$
$$=\frac{k-1}{p^\alpha-1}\cdot\frac{k-2}{p^\alpha-2}\cdot\cdots\cdot\frac{k-p^\alpha+1}{1}$$

而等式右边乘积的每一项的分子与分母中 p 的幂次相同,因此,它不是 p 的倍数.

若 $p^\alpha \nmid k$,则由 $C_{k-1}^{p^\alpha-1}=\frac{p^\alpha}{k}C_k^{p^\alpha}$ 中 $C_k^{p^\alpha}$ 为整数,且 $L_p(k)<\alpha$,可知 $C_{k-1}^{p^\alpha-1}$ 是 p 的倍数.

引理 2:若 $g(x)$ 是一个次数小于 n 的多项式,则
$$\sum_{t=0}^{n}(-1)^t C_n^t g(x+n-t)=0$$

引理 2 的证明:这是关于多项式差分中的一个熟知结论,常规证明是对 n 进行归纳.

当 $n=1$ 时,$g(x)$ 是一个常数多项式,故
$$\sum_{t=0}^{n}(-1)^t C_n^t g(x+n-t)=C_1^0 g(x+1)-C_1^1 g(x)$$
$$=g(x+1)-g(x)=0$$

因此,当 $n=1$ 时结论成立.

设对 $n-1,n>1$ 结论成立.

对于 n 的情形,令
$$h(x)=g(x+1)-g(x)$$
则 $h(x)$ 的次数小于 $g(x)$ 的次数.

由归纳假设知
$$\sum_{t=0}^{n-1}(-1)^t C_{n-1}^t h(x+n-1-t)=0$$
$$\Rightarrow \sum_{t=0}^{n-1}(-1)^t C_{n-1}^t [g(x+n-t)-g(x+n-1-t)]=0$$
$$\Rightarrow C_{n-1}^0 g(x+n)+\sum_{t=1}^{n-1}(-1)^t (C_{n-1}^{t-1}+C_{n-1}^t)g(x+n-t)-$$
$$(-1)^{n-1} C_{n-1}^{n-1} g(x)=0$$
$$\Rightarrow \sum_{t=0}^{n}(-1)^t C_n^t g(x+n-t)=0$$

引理 3:若 n 有两个不同的素因子,则
$$\gcd(C_n^1,C_n^2,\cdots,C_n^{n-1})=1$$

引理 3 的证明:否则,存在素数 p,使得
$$p \mid \gcd(C_n^1,C_n^2,\cdots,C_n^{n-1})$$

特别地,有 $p \mid C_n^1=n$.

设 $L_p(n)=\alpha$.

因为 n 有两个不同的素因子,所以 $1<p^\alpha<n$.

这表明,组合数 $C_n^{p^\alpha-1}$ 和 $C_n^{p^\alpha}$ 都在 $C_n^1, C_n^2, \cdots, C_n^{n-1}$ 中出现,它们都是 p 的倍数. 故
$$p \mid (C_n^{p^\alpha} - C_n^{p^\alpha-1}) = C_{n-1}^{p^\alpha-1}$$
这与引理 1 矛盾.

回到原题.

对 $n=1$ 或 p^α(p 为素数,α 为正整数)构造满足条件的多项式.

当 $n=1$ 时,$f(x) = \dfrac{1}{2}$,符合要求.

当 $n=p^\alpha$ 时,令
$$f(x) = \frac{1}{p} C_{x-1}^{p^\alpha-1} = \frac{1}{p} \frac{(x-1)(x-2)\cdots(x-p^\alpha+1)}{(p^\alpha-1)!}$$
它是一个 $p^\alpha - 1(=n-1)$ 次的多项式,由引理 1 知符合要求.

其次证明:若 n 有两个不同的质因子,则不存在符合要求的多项式.

事实上,若存在满足条件的多项式 $f(x)$,则在引理 2 中,令 $g=f, x=-k, 1 \leqslant k \leqslant n$,可知
$$C_n^k f(0) = \sum_{0 \leqslant l \leqslant n, l \neq k} (-1)^{k-l} C_n^l f(-k+l)$$
而由条件(1)知,$f(-k), f(-k+1), \cdots, f(-1), f(1), f(2), \cdots, f(n-k)$ 都是整数. 所以,对 $1 \leqslant k \leqslant n$,$C_n^k f(0)$ 都为整数.

由引理 3 的结论及贝祖定理,知存在整数 $u_1, u_2, \cdots, u_n$,使得
$$\sum_{k=1}^n u_k C_n^k = 1$$
从而,导致
$$f(0) = \left(\sum_{k=1}^n u_k C_n^k\right) f(0) = \sum_{k=1}^n u_k C_n^k f(0)$$
为整数,与条件(1)不符.

解法 2 $n = p^\alpha$(p 为质数,α 为非负整数).

先证明一个引理.

引理:对任意 n 个整数 $a_1, a_2, \cdots, a_n$,存在一个次数小于 n 的整值多项式 $P(x)$,使得对 $1 \leqslant k \leqslant n$,都有
$$P(k) = a_k$$

引理的证明:对 n 归纳证明.

当 $n=1$ 时,令 $P(x) = a_1$ 即可.

设对 $n-1, n>1$ 结论成立,即存在整值多项式 $P_1(x)$,对 $1 \leqslant k \leqslant n-1$,都有
$$P_1(k) = a_{k-1}$$
令
$$P(x) = P_1(x) + [a_n - P_1(n)] C_{x-1}^{n-1}$$

即可实现归纳证明.

回到原题.

若对 n 存在符合要求的多项式 $f(x)$,则由引理可构造一个次数小于 $n-1$ 的整值多项式 $P(x)$,使得对 $1 \leqslant k \leqslant n-1$,都有
$$P(k) = f(k)$$
此时,$1,2,\cdots,n-1$ 都是多项式 $f(x)-P(x)$ 的根. 结合 $P(x)$ 为整值多项式,可知 $f(x)-P(x)$ 也是一个符合条件的多项式.

设 $f(x) = c\prod_{i=1}^{n-1}(x-i)$,这里 c 是一个有理数常数.

设 $c = \dfrac{p}{q}$ 是最简分数,其中正整数 q 的质因数分解为 $q = \prod_{j=1}^{d} p_j^{a_j}$.

一方面,因为 $f(x)$ 满足条件,所以 $f(0)$ 不是整数.

从而,$q \nmid (n-1)!$.

因此,存在某个 j,使得 $p_j^{a_j} \nmid (-1)^n(n-1)!$.

这表明
$$\prod_{i=1}^{n}(p_j^{a_j}-i) \equiv (-1)^n(n-1)! \not\equiv 0 \pmod{p_j^{a_j}}$$

于是,$f(p_j^{a_j})$ 不为整数.

由条件(1),知 $n \mid p_j^{a_j}$,即 n 为素数的幂.

另一方面,当 $n = p^a$ 时,同解法 1 的结论,知存在一个符合要求的多项式.

> **❸** 设圆 ω 是 $\triangle ABC$ 的外接圆,一条平行于 BC 的动直线 l 分别与线段 AB,AC 交于点 D,E,与圆 ω 交于点 K,L(点 D 介于 K 和 E 之间),Γ_1 是与线段 KD,BD 和圆 ω 都相切的圆,Γ_2 是与线段 LE,CE 和圆 ω 都相切的圆. 当 l 变化时,求圆 Γ_1 和 Γ_2 的内公切线的交点的轨迹.

证明 设 P 为圆 Γ_1,Γ_2 的内公切线的交点,直线 m 是 $\angle BAC$ 的角平分线. 由于 $KL \parallel BC$,故 m 也是 $\angle KAL$ 的角平分线.

在平面上先作关于直线 m 的对称变换,再以点 A 为反演中心、$\sqrt{AK \cdot AL}$ 为反演半径作反演变换,将该合成变换记为 Φ.

在变换 Φ 下,各几何元素的变换情形如下:

点 $K \leftrightarrow$ 点 L,直线 $KL \leftrightarrow$ 圆 ω,射线 $AB \leftrightarrow$ 射线 AC,点 $B \leftrightarrow$ 点 E,点 $C \leftrightarrow$ 点 D,线段 $BD \leftrightarrow$ 线段 EC,$\overset{\frown}{BK} \leftrightarrow$ 线段 EL,$\overset{\frown}{CL} \leftrightarrow$ 线段 DK.

记 O_1，O_2 分别是圆 Γ_1，Γ_2 的圆心. 由于在题给的条件下，圆 Γ_1，Γ_2 都是唯一确定的，因此，依照上面的对应关系，知在变换 Φ 下它们相互对应. 于是，射线 AO_1 与 AO_2 关于直线 m 对称，得
$$\angle O_1AB = \angle O_2AC$$
故 $\dfrac{AO_1}{AO_2} = \dfrac{\rho_1}{\rho_2}$（$\rho_1$，$\rho_2$ 分别是圆 Γ_1，Γ_2 的半径）.

因为 P 为圆 Γ_1，Γ_2 的内公切线的交点，且是线段 O_1O_2 上的点，有 $\dfrac{PO_1}{PO_2} = \dfrac{\rho_1}{\rho_2}$，所以点 P 在 $\angle O_1AO_2$ 的角平分线上，即在 $\angle BAC$ 的角平分线上.

考虑极限情形结合连续性，即知点 P 的轨迹是 $\angle BAC$ 的角平分线内部的点.

第 2 天

4 对正整数 $n = \prod_{i=1}^{s} p_i^{\alpha_i}$，设 $\Omega(n) = \sum_{i=1}^{s} \alpha_i$ 是 n 的所有质因数的个数，其中质因数依重数求和. 定义 $\lambda(n) = (-1)^{\Omega(n)}$（如 $\lambda(12) = \lambda(2^2 \times 3) = (-1)^{2+1} = -1$）. 证明：

(1) 存在无穷多个正整数 n，使得
$$\lambda(n) = \lambda(n+1) = 1$$

(2) 存在无穷多个正整数 n，使得
$$\lambda(n) = \lambda(n+1) = -1$$

证明 注意到，对任意正整数 m，n，有
$$\Omega(mn) = \Omega(m) + \Omega(n)$$
即 Ω 是一个完全可加函数.

因此，$\lambda(mn) = \lambda(m)\lambda(n)$，即 λ 是一个完全可乘函数.

故对任意质数 p 及正整数 k，有
$$\lambda(p) = -1$$
$$\lambda(k^2) = [\lambda(k)]^2 = 1$$

证法 1 (1) 佩尔(Pell)方程 $x^2 - 6y^2 = 1$ 有无穷多组正整数解 (x_m, y_m)，其可由
$$x_m + y_m\sqrt{6} = (5 + 2\sqrt{6})^m$$
定义.

由于 $\lambda(6y^2) = \lambda(y^2) = 1$，且 $\lambda(6y^2 + 1) = \lambda(x^2) = 1$，于是，该方程的每一组解都对应所求的一个 $n (= 6y^2)$.

(2) 佩尔方程 $3x^2 - 2y^2 = 1$ 有无穷多组正整数解 (x_m, y_m), 其可由
$$x_m\sqrt{3} + y_m\sqrt{2} = (\sqrt{3} + \sqrt{2})^{2m+1}$$
定义.

而
$$\lambda(2y^2) = \lambda(2)\lambda(y^2) = -1 = \lambda(3)\lambda(x^2)$$
$$= \lambda(3x^2) = \lambda(2y^2 + 1)$$

同(1)可知结论成立.

证法 2 (1) 若正整数 n 满足
$$\lambda(n) = \lambda(n+1)$$
则
$$\lambda[(2n+1)^2 - 1] = \lambda[4n(n+1)] = \lambda(4)\lambda(n)\lambda(n+1) = 1$$
而 $\lambda[(2n+1)^2] = 1$, 于是, 从 $n = 1$ 出发, 可递推构造无穷多个满足(1)的 n.

(2) 注意到 $n = 2$ 满足条件. 若结论不成立, 则存在最大的正整数 n, 使得
$$\lambda(n-1) = \lambda(n) = -1$$
而当 $m \geqslant n$ 时, $\lambda(m)$ 与 $\lambda(m+1)$ 不同时为 -1, 于是
$$\lambda(n+1) = 1$$
故
$$\lambda[n(n+1)] = \lambda(n)\lambda(n+1) = -1$$
进而
$$\lambda(n^2 + n + 1) = 1$$
得
$$\lambda(n^3 - 1) = \lambda(n-1)\lambda(n^2 + n + 1) = -1$$
而 $\lambda(n^3) = [\lambda(n)]^3 = -1$, 与 n 最大矛盾(因 $n \geqslant 2$, 故 $n^3 - 1 > n - 1$).

❺ 对每个正整数 $n, n \geqslant 3$, 试确定平面上具有下述性质的 n 个不同的点 $X_1, X_2, \cdots, X_n$ 之间的关系:

对任意一对不同的点 X_i, X_j, 都存在 $\{1, 2, \cdots, n\}$ 的一个排列 σ, 使得对所有的 $k, 1 \leqslant k \leqslant n$, 都有
$$d(X_i, X_k) = d(X_j, X_{\sigma(k)})$$
其中, $d(X, Y)$ 表示点 X 和 Y 之间的距离.

证明 首先, 建立恰当的直角坐标系, 使得点 X_k 对应的从原点出发的向量 $\boldsymbol{x}_k$ 满足
$$\frac{1}{n}\sum_{k=1}^{n}\boldsymbol{x}_k = \boldsymbol{0}$$
由

$$[d(X_i, X_k)]^2 = \|\boldsymbol{x}_i - \boldsymbol{x}_k\|^2 = (\boldsymbol{x}_i - \boldsymbol{x}_k) \cdot (\boldsymbol{x}_i - \boldsymbol{x}_k)$$
$$= \|\boldsymbol{x}_i\|^2 - 2\boldsymbol{x}_i \cdot \boldsymbol{x}_k + \|\boldsymbol{x}_k\|^2$$

得
$$\sum_{k=1}^{n} [d(X_i, X_k)]^2 = n\|\boldsymbol{x}_i\|^2 - 2\boldsymbol{x}_i \cdot \sum_{k=1}^{n} \boldsymbol{x}_k + \sum_{k=1}^{n} \|\boldsymbol{x}_k\|^2$$
$$= n\|\boldsymbol{x}_i\|^2 + \sum_{k=1}^{n} \|\boldsymbol{x}_k\|^2$$
$$= \sum_{k=1}^{n} [d(X_j, X_{\sigma(k)})]^2$$
$$= n\|\boldsymbol{x}_j\|^2 + \sum_{k=1}^{n} \|\boldsymbol{x}_{\sigma(k)}\|^2$$

所以,对不同的 i, j,都有
$$\|\boldsymbol{x}_i\|^2 = \|\boldsymbol{x}_j\|^2$$
故这些点共圆(圆心为 $O(0,0)$).

其次,设 m 是这 n 个点中任意两点的角距离的最小值,则角距离等于 m 的两个点必为圆 O 上相邻的两点.

在这样的点对之间连线,构成一个图 G. 依条件,图 G 是一个正则图,且每个顶点的度都是 1 或 2.

若 n 为奇数,则由 $\sum_{k=1}^{n} \deg(X_k) = 2|E|$,知 $\deg(G) = 2$,即每个点都与其相邻的两个点有边相连,此时,可构成一个正 n 边形.

若 n 为偶数,则当 $\deg(G) = 2$ 时,同上仍可构成正 n 边形. 当 $\deg(G) = 1$ 时,设 M 是任意两点的角距离中第二小的值,则角距离为 M 的两点在圆上仍然是相邻的. 将距离为 M 的点对之间连线,得到图 G',类似讨论可知 $\deg(G') = 1$. 此时,所得的 n 边形的边长交替相等(即奇数边长度相等,且偶数边长度也相等).

直接验证,知具有上述性质的 n 个点符合要求.

6 一个 2011×2011 的方格表的每个小方格都被标上整数 $1, 2, \cdots, 2011^2$ 中的某个数,使得其中的每个数都恰好用了一次. 现将表格的左右边界、上下边界均视为相同,依通常的方式得到一个圆环面(可视为一个"甜甜圈"的表面). 求最大的正整数 M,使得对任意标数方式,都存在两个相邻的小方格(有公共边的小方格),它们中所填写的数之差(大的减小的) 至少为 M.

注 用坐标表示,小方格 (x, y) 和 (x', y') 相邻是指
$$x = x', y - y' \equiv \pm 1 \pmod{2011}$$
或
$$y = y', x - x' \equiv \pm 1 \pmod{2011}$$

证明 设 $N = 2011$.

考虑一般的 $N \times N$ 的方格表.

当 $N=2$ 时,结论是显然的,所求的 $M=2$. 例子见表 1.

表 1

1	2
3	4

当 $N \geqslant 3$ 时,首先证明: $M \geqslant 2N-1$.

从最初表格的每个小方格都是白色的状态开始,在表格中依次写入数 $1,2,\cdots$ 的同时,将被标号的小方格染成黑色. 当第一次出现下面的情形时,停止上述操作:表格中的每一行或每一列都有至少两个黑格. 记最后写入 k.

在标上 k 之前,必有一行且一列中至多有一个黑格.

不妨设,当标上 k 时,每一行都出现了两个黑格. 此时,表格中至多有一行中的格子都是黑色. 这是因为如果有两行都是全黑格,那么,若 k 标在这两行中的某个小方格内,则此前每行中已有两个黑格(这里用到 $N \geqslant 3$);若 k 标在其他行中,则此时每一列中都已有两个黑格.

将有一个相邻格为白色的黑格染成红色. 由于除掉可能存在的全黑行外,其余每行都有两个黑格和一个白格,于是,这些行中都至少有两个红格. 进而,与可能存在的全黑行相邻的行中必有一个为白格. 所以,该全黑行中至少有一个黑格被染成红色. 由此,知红格数大于或等于
$$2(N-1)+1=2N-1$$
因此,所有红格中的最小标号至多为 $k+1-(2N-1)$.

当该方格相邻的白格中被标号(所标的数至少为 $k+1$)后,这两个相邻格之间的差大于或等于 $2N-1$.

由于 $N=2011$,于是,只需构造形如 $N=2n+1(\geqslant 2)$ 的例子.

表 2 给出了一个使 $M=2N-1$ 的例子.

因此,题中所求的 $M=4021$.

表 2

$(2n+1)^2-2$	$(2n+1)^2-9$	$\cdots$	$\cdots$	$n(2n-1)+1$	$\cdots$	$\cdots$	$(2n+1)^2-10$	$(2n+1)^2-3$
$(2n+1)^2-8$	$\cdots$	$\cdots$	$n(2n-1)+2$	$\cdots$	$n(2n-1)$	$\cdots$	$\cdots$	$(2n+1)^2-11$
$\vdots$	$\vdots$	$\vdots$	$\vdots$	$\vdots$	$\vdots$	$\vdots$	$\vdots$	$\vdots$
$\cdots$	$2n^2$	$\cdots$	8	2	6	$\cdots$	$2n(n-1)+2$	$2n(n+1)+2$
$2n^2+1$	$\cdots$	$\cdots$	3	1	5	$\cdots$	$\cdots$	$2n(n+1)+1$
$\cdots$	$2n^2+2$	$\cdots$	10	4	12	$\cdots$	$2n(n+1)$	$\cdots$
$\vdots$	$\vdots$	$\vdots$	$\vdots$	$\vdots$	$\vdots$	$\vdots$	$\vdots$	$\vdots$
$(2n+1)^2-7$	$\cdots$	$\cdots$	$n(2n+1)$	$\cdots$	$n(2n+1)+2$	$\cdots$	$\cdots$	$(2n+1)^2-4$
$(2n+1)^2-1$	$(2n+1)^2-6$	$\cdots$	$\cdots$	$n(2n+1)+1$	$\cdots$	$\cdots$	$(2n+1)^2-5$	$(2n+1)^2$

第5届罗马尼亚大师杯数学竞赛试题及解答

(2012年)

第5届罗马尼亚大师杯数学竞赛于2012年2月29日至3月4日在布加勒斯特举行,它是由罗马尼亚数学会主办,由 The National College "Tudor Vianu" 承办的一次国际邀请赛,在 IMO 上成绩突出的中国、俄罗斯、美国与罗马尼亚周边的一些欧洲国家受邀参加,参赛队伍共15支.

受中国数学会奥林匹克委员会委派,由北京市组队代表中国参加了这届罗马尼亚大师杯数学竞赛.领队是刘来福教授(北京师范大学),副领队是李秋生(中国人民大学附属中学),6名队员是陈景文、魏宏济、高奕博、段伯延、赵伯钧(中国人民大学附属中学),高子珺(北京市第四中学).

考试分两天进行,分别是3月2日和3月3日,每次3道试题,每道试题7分,时间是4小时30分钟.这次比赛中,中国队获得了总分第一的佳绩(与罗马尼亚队并列),参赛选手中有2人获金牌、2人获银牌.

在参赛的90名同学中,有7名同学获得金牌,11名同学获得银牌,15名同学获得铜牌.金牌分数线是28分,银牌分数线是22分,铜牌分数线是15分.

中国队获奖学生的成绩如下:

陈景文　30分　金牌　　　魏宏济　28分　金牌
高奕博　25分　银牌　　　段伯延　22分　银牌

按照每队的前三名成绩之和排列总分名次,前5名成绩如下:

中国 \ 罗马尼亚　　　83分
俄罗斯　　　　　　　78分
美国　　　　　　　　70分
波兰　　　　　　　　63分
意大利　　　　　　　61分

下面是本次比赛的试题和解答,除第3题仅选用命题组提供的解答外,其余各题都选自参赛选手的解答.

第 1 天

1 在一群有限数量的男孩和女孩中,称一些男孩构成一个"男孩友善集",如果每个女孩都认识其中至少一个男孩;称一些女孩构成一个"女孩友善集",如果每个男孩都认识其中至少一个女孩.求证:"男孩友善集"的个数与"女孩友善集"的个数具有相同的奇偶性(认识关系是相互的).

证法 1 (根据魏宏济的解答整理)记所有男孩组成集合 B,所有女孩组成集合 G,下面对 $|B|+|G|$ 进行归纳处理.

当 $|B|+|G|=0$ 时,结论显然成立.

假设当 $|B|+|G|<k$ 时,结论都成立,考虑当 $|B|+|G|=k+1$ 时的情形.

此时若 $B=\varnothing$,则结论成立,下设 $B\neq\varnothing$. 取集合 B 中的男孩 b,记 $B'=B/\{b\}$,所有不认识 b 的女孩组成集合 G'.

首先,$B'\cup G$ 中的"男孩友善集"仍然是 $B\cup G$ 中的"男孩友善集". 其次,如果 $B\cup G$ 中的"男孩友善集"不是 $B'\cup G$ 中的"男孩友善集",那么其一定是 $B'\cup G'$ 中的"男孩友善集"再加上男孩 b,于是 $B\cup G$ 中的"男孩友善集"个数是 $B'\cup G$ 中的"男孩友善集"个数与 $B'\cup G'$ 中的"男孩友善集"个数之和.

再者,$B\cup G$ 中的"女孩友善集"一定是 $B'\cup G$ 中的"女孩友善集". 而若 $B'\cup G$ 中的"女孩友善集"不是 $B\cup G$ 中的"女孩友善集",则其一定是 $B'\cup G'$ 中的"女孩友善集",于是 $B\cup G$ 中的"女孩友善集"个数是 $B'\cup G$ 中的"女孩友善集"个数与 $B'\cup G'$ 中的"女孩友善集"个数之差.

由归纳假设,$B'\cup G$ 中的"男孩友善集"个数与"女孩友善集"个数具有相同的奇偶性,$B'\cup G'$ 中的"男孩友善集"个数与"女孩友善集"个数也具有相同的奇偶性,因此 $|B|+|G|=k+1$ 时结论也成立. 命题获证.

证法 2 (命题组解答)称男孩子集 X 与女孩子集 Y 是分离的,如果 X 中任何一个男孩与 Y 中任何一个女孩都不认识.考虑所有分离子集对 (X,Y) 的数量 S.

对于给定的男孩子集 X,记 Y_X 为与 X 分离的元素个数最大的女孩子集,则与 X 构成分离子集对的女孩子集共有 $2^{|Y_X|}$ 个,于

是 $S=\sum\limits_{X} 2^{|Y_X|}$. 注意到 $2^{|Y_X|}$ 是奇数,当且仅当 Y_X 是空集,也即 X 是"男孩友善集",因此 S 与"男孩友善集"个数的奇偶性相同.

同理,S 与"女孩友善集"个数的奇偶性相同,因此"男孩友善集"的个数与"女孩友善集"的个数具有相同的奇偶性.

> **❷** 已知:在非等腰 $\triangle ABC$ 中,点 D,E,F 分别为 BC,CA,AB 的中点.直线 BE 交 $\triangle BCF$ 的外接圆于点 P(不同于点 B),直线 AD 交 $\triangle ABE$ 的外接圆于点 Q(不同于点 A),直线 DP 与 FQ 交于点 R. 求证:$\triangle ABC$ 的重心 G 在 $\triangle PQR$ 的外接圆上.

证明 (根据高奕博的解答整理) 如图 1,在射线 GF 上取点 T,使得
$$GF \cdot GT = GQ \cdot GD$$
从而 F,Q,D,T 四点共圆,于是
$$\angle FQG = \angle GTD = \angle CTD$$

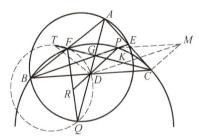

图 1

作线段 PM 平行且等于 BD,设 DM 交 GC 于点 K,易知
$$\angle DPB = \angle CMD$$
记 $GE=x,GF=y$,由
$$GP \cdot GB = GC \cdot GF$$
得 $GP = \dfrac{y^2}{x}$,同理可得 $GT = \dfrac{x^2}{y}$,于是
$$DM = BP = BG + GP = 2x + \frac{y^2}{x}$$
$$CT = CG + GT = 2y + \frac{x^2}{y}$$
又因为
$$DK = \frac{1}{2}BG = GE = x,\ CK = \frac{1}{2}CG = GF = y$$
$$DK \cdot KM = DK \cdot (DM - DK) = x\left(2x + \frac{y^2}{x} - x\right)$$
$$= x^2 + y^2 = TK \cdot KC$$

于是,有 T, D, C, M 四点共圆,故 $\angle CTD = \angle CMD$.

综上可得 $\angle RQG = \angle CTD = \angle CMD = \angle RPG$,于是 G, P, Q, R 四点共圆,命题获证.

❸ 已知:每个正整数都被染上了红色或者蓝色. 一个从正整数集到正整数集的函数 f 满足下列两个条件:

(1) 若 $x \leqslant y$,则 $f(x) \leqslant f(y)$.

(2) 若正整数 x, y, z(可以相等)颜色相同且 $x + y = z$,则 $f(x) + f(y) = f(z)$.

求证:存在正数 a,使得 $f(x) \leqslant ax$ 对一切正整数 x 成立.

证明 对于整数 x, y,记 $[x, y]$ 表示所有满足 $x \leqslant t \leqslant y$ 的整数 t,并称其长度为 $y - x$.

如果 $\dfrac{f(x)}{x} = \dfrac{f(y)}{y}$ 对任意同色整数 x, y 都成立,那么取 $a = \max\left\{\dfrac{f(r)}{r}, \dfrac{f(b)}{b}\right\}$,其中 r, b 分别是染上红色和蓝色的整数,那么 $\dfrac{f(x)}{x} \leqslant a$,即 $f(x) \leqslant ax$ 对一切正整数 x 成立.

下面考虑存在两个同色整数 x, y 使得 $\dfrac{f(x)}{x} \neq \dfrac{f(y)}{y}$ 的情形,不妨设 x, y 是红色的.

(1) 若某个长度为 xy 的区间中所有整数都是红的,设为 $[k, k+xy]$,则有
$$f(k+xy) = f[k+x(y-1)] + f(x)$$
$$= \cdots = f(k) + yf(x)$$
$$f(k+xy) = f[k+y(x-1)] + f(y)$$
$$= \cdots = f(k) + xf(y)$$
于是 $yf(x) = xf(y)$,矛盾!

(2) 若某个长度为 xy 的区间中所有整数都是蓝的,设为 $[k, k+xy]$. 取 $D = \max\{f(k), f(k+1), \cdots, f(k+xy)\}$,则对任意整数 $z \geqslant k$,有 $f(z+1) - f(z) \leqslant D$.

这是因为我们可以取不超过 z 的最大蓝色整数 b_1,由(1)知 $z - b_1 \leqslant xy$. 在区间 $[b_1+k, b_1+k+xy]$ 中也必有蓝色整数,设为 b_2,则 $b_2 > b_1$,由 b_1 的取法可知 $b_2 \geqslant z$. 注意到 $b_2 - b_1 \in [k, k+xy]$ 是一个蓝色整数,所以
$$f(z+1) - f(z) \leqslant f(b_2) - f(b_1) = f(b_2 - b_1) \leqslant D$$
取
$$a = \max\left\{\dfrac{f(1)}{1}, \dfrac{f(2)}{2}, \cdots, \dfrac{f(k)}{k}, D\right\}$$

则当 $1 \leqslant x \leqslant k$ 时,显然有 $f(x) \leqslant ax$ 成立;当 $x > k$ 时,有
$$f(x) \leqslant f(k) + (x-k)D \leqslant ak + (x-k)a = ax$$
也成立,满足要求.

(3) 若对于任意一个长度为 xy 的区间,其中都既有蓝色整数,也有红色整数,取红色整数 $R \geqslant 2xy$ 且 $R+1$ 是蓝色整数,取 $D = \max\{f(R), f(R+1)\}$,则对任意整数 $z \geqslant 2xy$,有
$$f(z+1) - f(z) \leqslant D$$

这是因为,我们可取不超过 z 的最大红色整数 r 和小于 r 的最大蓝色整数 b,那么
$$0 < z - b = (z-r) + (r-b) \leqslant 2xy$$
令 $t = b + R + 1$,则
$$t \geqslant b + 2xy + 1 \geqslant z+1$$
如果 t 是蓝色的,那么
$$f(t) = f(b) + f(R+1) \leqslant f(b) + D$$
于是
$$f(z+1) - f(z) \leqslant f(t) - f(b) \leqslant D$$
如果 t 是红色的,注意到 $b+1$ 也是红色的,那么
$$f(t) = f(b+1) + f(R) \leqslant f(b+1) + D$$
于是
$$f(z+1) - f(z) \leqslant f(t) - f(b+1) \leqslant D$$
这就说明对任意整数 $z \geqslant 2xy$,有 $f(z+1) - f(z) \leqslant D$. 以下同情形(2),即可证得结论.

第 2 天

4 求证:存在无穷多个正整数 n,使得 $2^{2^n+1} + 1$ 能被 n 整除,但 $2^n + 1$ 不能被 n 整除.

证明 (根据赵伯钧的解答整理)首先说明: $n = 57$ 是一个满足要求的正整数.

这是因为,由
$$2^{57} + 1 \equiv (2^9)^6 \cdot 2^3 + 1 \equiv (-1)^6 \cdot 2^3 + 1 \equiv 9 \pmod{19}$$
知 $2^{57} + 1$ 不能被 57 整除.

另外
$$2^{57} + 1 \equiv (2^4)^{14} \cdot 2 + 1 \equiv (-2)^{14} \cdot 2 + 1$$

$$\equiv (2^4)^3 \cdot 2^3 + 1 \equiv 9 (\bmod\ 18)$$

于是
$$2^{2^{57}+1} + 1 \equiv 2^9 + 1 \equiv 0 (\bmod\ 19)$$

同时
$$2^{2^{57}+1} + 1 \equiv 2 + 1 \equiv 0 (\bmod\ 3)$$

所以 $2^{2^{57}+1} + 1$ 能被 57 整除.

下面证明:若正整数 n 满足要求,则 $t = 2^n + 1$ 也满足要求.

由 $2^{2^n+1} + 1$ 能被 n 整除,可设 $2^{2^n+1} + 1 = nk$,其中 k 显然是奇数.那么 $2^{2^t+1} + 1 = 2^{nk} + 1$ 能被 $t = 2^n + 1$ 整除.

由于 $2^n + 1$ 不能被 n 整除,所以可设 $2^n + 1 = nk + r$,其中 $1 \leqslant r \leqslant n-1$.注意到
$$\begin{aligned}2^t + 1 &= 2^{2^n+1} + 1 = 2^{nk+r} + 1 \\ &= (2^n+1)[2^{(k-1)n+r} - 2^{(k-2)n+r} + \cdots + (-1)^{k-1}2^r] + \\ &\quad (-1)^k 2^r + 1\end{aligned}$$

而
$$1 \leqslant |(-1)^k 2^r + 1| < 2^n + 1 = t$$

所以 $2^t + 1$ 不能被 t 整除.

综合(1)和(2),可知存在无穷多个正整数满足要求.

> **5** 给定整数 $n, n \geqslant 3$ 以及 $\left[\dfrac{(n+2)^2}{3}\right]$ 种颜色.将一个 $n \times n$ 方格表中的每个方格都染上其中一种颜色,且每种颜色至少用一次.求证:方格表中一定存在一个 1×3 或者 3×1 的小长方形,它的三个方格染上了三种不同的颜色.

证明 (根据陈景文的解答整理)如果一个 1×3 或者 3×1 的小长方形的三个方格中至少有两个是同色的,那么就称这个小长方形被该颜色占据了.显然,每个小长方形最多被一种颜色占据.

引理1:在一行中,如果某种颜色(不妨设为红色)染了 p 个方格,那么这种颜色最多占据了这一行中的 $\dfrac{3p}{2} - 1$ 个小长方形.

引理1的证明:对于每个被红色占据的小长方形,称其中的红色方格被计入了一次.那么每个红色小方格最多被计入三次,而且最左端的红色方格最多被计入两次,最右端的红色方格也如此.那么所有红色小方格最多被计入了 $3p - 2$ 次,于是被红色占据的小长方形最多有 $\dfrac{3p-2}{2}$ 个.

引理2:在整个方格表中,如果某种颜色(不妨设为红色)染了 q 个方格,那么这种颜色最多占据了 $3(q-1)$ 个小长方形.

引理 2 的证明：若 $q=1$，则结论显然成立；若 $q>1$，设红色方格分布在 k 行和 l 列当中，则显然 $k+l \geqslant 3$。由引理 1，被红色占据的 3×1 小长方形不超过 $\frac{3q}{2}-k$ 个，被红色占据的 1×3 小长方形不超过 $\frac{3q}{2}-l$ 个，那么被红色占据的长方形总数不超过 $3q-(k+l) \leqslant 3(q-1)$。

回到原题，记 $N=\left[\frac{(n+2)^2}{3}\right]$，用 n_i 表示第 i 种颜色染的方格数量，则所有颜色占据的小长方形的总数不超过
$$\sum_{i=1}^{N} 3(n_i-1) = 3\sum_{i=1}^{N} n_i - 3N = 3n^2 - 3N$$
$$< 3n^2 - (n^2+4n) = 2n(n-2)$$

而 $n \times n$ 方格表中有 1×3 或者 3×1 的小长方形共 $2n(n-2)$ 个，于是其中至少有一个没有被任何颜色占据，也即它的三个方格染上了三种不同的颜色。

6 已知点 I，O 分别是 $\triangle ABC$ 的内心和外心。圆 ω_A 过点 B 和点 C，并且与 $\triangle ABC$ 的内切圆相切，类似地定义圆 ω_B 和 ω_C。设圆 ω_B 和圆 ω_C 交于不同的两点 A 和 A'，类似地定义点 B' 和 C'。求证：直线 AA'，BB'，CC' 交于一点，且交点在直线 IO 上。

证明 （根据段伯延的解答整理）如图 2，记 $\triangle ABC$ 的内切圆为 γ，设它与边 BC，CA，AB 分别切于点 A_1，B_1，C_1。设两圆 γ 与 ω_A 相切于点 X_A，延长 $X_A A_1$ 交 ω_A 于点 M_A。

因为两圆 γ 与 ω_A 关于切点 X_A 成位似关系，所以圆 ω_A 在点 M_A 处的切线与 BC 平行，因此 M_A 是 $\overset{\frown}{BC}$ 的中点。于是 $\angle M_A BC = \angle M_A X_A B$，得 $\triangle M_A B A_1 \backsim \triangle M_A X_A B$，那么 $M_A B^2 = M_A A_1 \cdot M_A X_A$，这说明点 M_A 位于点 B 与圆 γ 的根轴 l_B 上。同理，点 M_A 也位于点 C 与圆 γ 的根轴 l_C 上。

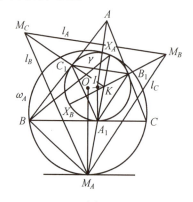

图 2

类似地定义点 X_B, X_C, M_B, M_C 和直线 l_A,可知直线 l_A, l_B, l_C 形成 $\triangle M_A M_B M_C$. 因为直线 l_A 与 $B_1 C_1$ 都垂直于 AI,所以 $l_A \parallel B_1 C_1$. 同理有 $l_B \parallel C_1 A_1, l_C \parallel A_1 B_1$. 因此 $\triangle M_A M_B M_C$ 与 $\triangle A_1 B_1 C_1$ 位似,设位似中心为 K,位似比为 $k = \dfrac{M_A K}{A_1 K}$,则直线 $M_A A_1, M_B B_1, M_C C_1$ 均过点 K.

因为 X_A, X_B, A_1, B_1 四点共圆,所以 $A_1 K \cdot K X_A = B_1 K \cdot K X_B$,两边同时乘以 k,得到 $M_A K \cdot K X_A = M_B K \cdot K X_B$,这说明点 K 位于两圆 ω_A 和 ω_B 的根轴 CC' 上. 同理,点 K 也位于直线 AA' 和 BB' 上.

最后证明:O, I, K 三点共线. 考虑点 I 在前述位似变换下的对应点 O'. 因为 $O' M_A \parallel I A_1$,所以 $O' M_A \perp BC$. 又因为 M_A 是 $\overset{\frown}{BC}$ 的中点,所以点 O' 位于边 BC 的中垂线上. 同理,点 O' 也位于边 AB 的中垂线上,因此点 O' 就是外心 O.

综上所述,直线 AA', BB', CC' 交于一点 K,且点 K 位于直线 OI 上.

第6届罗马尼亚大师杯数学竞赛试题及解答

(2013年)

第1天

1 任给正整数 a,定义整数数列 $x_1, x_2, \cdots$,满足
$$x_1 = a, x_n = 2x_{n-1} + 1, n \geq 1$$
若 $y_n = 2^{x_n} - 1$,试确定整数 k 的最大值,使得存在某个正整数 a 满足 $y_1, y_2, \cdots, y_k$ 均为质数.

证明 若 y_i 是质数,则 x_i 也是质数.

否则,若 $x_i = 1$,则 $y_i = 1$ 不是质数;若 $x_i = mn, m, n > 1$,则 $(2^m - 1) \mid (2^{x_i} - 1)$,即 x_i, y_i 是合数.

下面用反证法证明:对任意的奇质数 a,y_1, y_2, y_3 中至少有一个为合数.

否则,x_1, x_2, x_3 均为质数.

由 $x_1 \geq 3$ 是奇数,知 $x_2 > 3$,且 $x_2 \equiv 3 \pmod 4$,因此
$$x_3 \equiv 7 \pmod 8$$
故 2 是 x_3 的二次剩余,即存在 $x \in \mathbf{N}_+$,使得
$$x^2 \equiv 2 \pmod{x_3}$$
所以
$$2^{x_2} = 2^{\frac{x_3-1}{2}} \equiv x^{x_3-1} \equiv 1 \pmod{x_3}$$
于是,$x_3 \mid y_2$.

又 $x_2 > 3$,则
$$2^{x_2} - 1 > 2x_2 + 1 = x_3$$
所以,y_2 是合数.

最后,若 $a=2$,则 $y_1=3$, $y_2=31$,且 $23 \mid y_3=(2^{11}-1)$.
所以,$k=2$.

> **❷** 是否存在 $\mathbf{R} \to \mathbf{R}$ 上的函数对 (g,h),满足如下性质:若对函数 $f:\mathbf{R} \to \mathbf{R}$,使得对所有的 $x \in \mathbf{R}$,都有
> $$f[g(x)] = g[f(x)]$$
> $$f[h(x)] = h[f(x)]$$
> 则 f 只能为恒同函数,即 $f(x) \equiv x$?

证明 存在这样的函数对.

首先,建立一个 $\mathbf{R}$ 与单位闭区间的双射.

从而,只需在单位区间上存在这样的函数对即可.

给出一个特例:取正实数 α, β,令
$$g(x) = \max\{x - \alpha, 0\}$$
$$h(x) = \min\{x + \beta, 1\}$$
对集合 $S \subseteq [0,1]$,若对所有的 f 满足
$$f[g(x)] = g[f(x)]$$
$$f[h(x)] = h[f(x)]$$
且 $f(S) \subseteq S$,则称该集合为"不变集".

注意到,不变集的交、并集仍是不变集,不变集关于函数 g, h 的原像也是不变集,这表明,若 S 是不变集,原像 $T = g^{-1}(S)$,则
$$g[f(T)] = f[g(T)] \subseteq f(S) \subseteq S$$
即 $f(T) \subseteq T$.

下面利用数学归纳法证明一个结论:

若 $\alpha + \beta < 1$, $m,n \in \mathbf{N}$,满足
$$0 \leqslant n\alpha - m\beta \leqslant 1$$
则区间 $[0, n\alpha - m\beta]$ 是不变集.

其次,$\{0\}$ 是不变集.

由于 f 能与 g 交换,则
$$g[f(0)] = f[g(0)] = f(0)$$
即 $f(0)$ 是 g 的不动点.

所以,$f(0) = 0$.

故当 $m = n = 0$ 时,结论成立.

假设对 m,n 存在 m',n',满足
$$m' + n' < m + n$$
且 $[0, n'\alpha - m'\beta]$ 是不变集,则数 $(n-1)\alpha - m\beta$ 与 $n\alpha - (m-1)\beta$ 至少有一个属于 $(0,1)$.

不妨设 $(n-1)\alpha - m\beta \in (0,1)$，则
$$[0, n\alpha - m\beta] = g^{-1}[0, (n-1)\alpha - m\beta]$$
因此，$[0, n\alpha - m\beta]$ 是不变集.

再证明：若
$$\alpha + \beta < 1, 0 < \alpha \notin \mathbf{Q}, \beta = \frac{1}{k}, k > 1$$
则对所有的 $0 < \delta < 1$，区间 $[0, \delta]$ 是不变集.

事实上，由前面的结论，对所有 $n, n \in \mathbf{N}$，有 $[0, n\alpha \pmod 1]$ 是不变集，而 $n\alpha \pmod 1$ 在 $[0,1]$ 中稠密，特别地
$$[0, \delta] = \bigcap_{n\alpha \pmod 1 > \delta} [0, n\alpha \pmod 1]$$
是不变集.

同理，知 $[\delta, 1]$ 也是不变集.

故 $\{\delta\}, 0 < \delta < 1, \{0\}, \{1\}$ 均是不变集.

所以，f 是恒同函数.

> **❸** 已知四边形 $ABCD$ 内接于圆 O，直线 AB 与 CD 交于点 P，AD 与 BC 交于点 Q，对角线 AC 与 BD 交于点 R. 若 M 是线段 PQ 的中点，K 为线段 MR 与圆 O 的交点，证明：圆 O 与 $\triangle KPQ$ 的外接圆相切.

证明 注意到，P, Q, R 是（关于圆 O 的）QR, RP, PQ 的极点. 从而，$OP \perp QR, OQ \perp RP, OR \perp PQ$. 所以，$R$ 是 $\triangle OPQ$ 的垂心.

若 $MR \perp PQ$，则 M, R, O 三点共线，且 $\triangle PQR$ 关于这条直线对称. 结论显然成立.

否则，过点 O 作直线 MR 的垂线，垂足为 V，直线 OV 与 PQ 交于点 U.

由 $OU \perp MR$，U 为线段 UR 的一个端点，知 UK 是圆 O 的切线.

因此，只需证明
$$UK^2 = UP \cdot UQ$$
事实上，由 $\triangle OKU$ 是直角三角形，得
$$UK^2 = UV \cdot UO$$
延长 RM 与 $\triangle OPQ$ 的外接圆 Γ 交于点 R'.

由 $\angle OVR' = 90°$，知点 V 也在圆 Γ 上. 从而
$$UP \cdot UQ = UV \cdot UO = UK^2$$

第 2 天

4 设 P, P' 是平面上相交的两个凸四边形区域,O 为其相交区域上的一点.

假设对任意一条经过点 O 的直线在区域 P 中截得的线段比在区域 P' 中截得的线段长. 问:是否有可能区域 P' 的面积与区域 P 的面积比大于 1.9?

证明 可能.

对于任意的 $\varepsilon > 0$,构造区域 P' 与区域 P,使二者面积之比大于 $2 - \varepsilon$.

设 O 为正方形 $ABCD$ 的中心,A', B', C' 分别为点 O 关于 A, B, C 的反射点.

注意到,l 为除直线 AC 外过点 O 的任意直线,则 l 分别被四边形 $ABCD$, $\triangle A'B'C'$ 所截长度相等.

在 $B'A', B'C'$ 上分别取点 M, N 满足

$$\frac{B'M}{B'A'} = \frac{B'N}{B'C'} = \sqrt{1 - \frac{\varepsilon}{4}}$$

区域 P' 取凸四边形 $B'MON$ 以点 O 为位似中心,$\sqrt[4]{1 - \frac{\varepsilon}{4}}$ 为位似比所得到的图形,则该区域满足与区域 P 的面积比大于 $2 - \frac{\varepsilon}{2}$.

5 记 $[x]$ 为不超过实数 x 的最大整数.给定一个整数 k,$k \geqslant 2$,令 $a_1 = 1$,对任意的整数 $n, n \geqslant 2$,a_n 为方程

$$x = 1 + \sum_{i=1}^{n-1} \left[\sqrt[k]{\frac{x}{a_i}}\right]$$

中大于 a_{n-1} 的最小解. 证明:所有的质数均在数列 $a_1, a_2, \cdots$ 中.

证明 由题意,知证明了 a_n 为非质数 k 次幂的所有正整数,这样结论就得证.

令 B 为所有非质数 k 次幂的正整数组成的集合.

首先证明:对任意的正整数 c 有

$$\sum_{\substack{b \in B \\ b \leqslant c}} \left[\sqrt[k]{\frac{c}{b}} \right] = c \qquad ①$$

事实上,任一正整数都可用 B 中一个元素和一个质数 k 次幂的乘积唯一表示.

其次,将所有不大于 c 的整数分类
$$C_b = \left\{ x \in \mathbf{N}_+ \;\middle|\; x \leqslant c, \text{且} \frac{x}{b} \text{是质数的 } k \text{ 次幂} \right\}$$
其中,$b \in B, b \leqslant c$.

显然,$|C_b| = \left[\sqrt[k]{\frac{c}{b}} \right]$.

故式 ① 成立.

最后,列举 B 中的元素.

按自然顺序
$$1 = b_1 < b_2 < \cdots < b_n < \cdots$$
利用数学归纳法证明:$a_n = b_n$.

显然,当 $n = 1$ 时,$a_1 = b_1 = 1$.

令 $n \geqslant 2$. 假设 $m < n$,有 $a_m = b_m$,则 $b_n > b_{n-1} = a_{n-1}$,且
$$b_n = \sum_{i=1}^{n} \left[\sqrt[k]{\frac{b_n}{b_i}} \right] = \sum_{i=1}^{n-1} \left[\sqrt[k]{\frac{b_n}{b_i}} \right] + 1 = \sum_{i=1}^{n-1} \left[\sqrt[k]{\frac{b_n}{a_i}} \right] + 1$$

由 a_n 的定义,知 $a_n \leqslant b_n$.

若 $a_n < b_n$,则
$$a_n = \sum_{i=1}^{n-1} \left[\sqrt[k]{\frac{a_n}{b_i}} \right] = \sum_{i=1}^{n-1} \left[\sqrt[k]{\frac{a_n}{a_i}} \right] = a_n - 1$$
矛盾.

从而,$a_n = b_n$. 故结论成立.

6 已知 $1, 2, \cdots, 2n$ 放置在一个正 $2n$ 边形的各个顶点上. 记一次运动是指将选取的 $2n$ 边形一条边的两个顶点上的两数交换. 假设经有限次运动后,每对数恰好相互交换一次. 证明:存在没被选择的边.

证明 任取三个数 $i < j < k$,其在正 $2n$ 边形的外接圆上(按顺时针方向)的顺序只能为 i, j, k 或 i, k, j.

若将三个数中的两个交换,则顺序就改变了. 从而,这三个数的顺序变换了三次,即原来在圆周按顺时针方向为 i, j, k,每两个数互换后就变成 k, j, i 这一方向. 然后,将 k 放置在顺时针从 i 到 j 的弧上,最后,$i + 1$ 逆时针与 $i, i = 1, 2, \cdots, 2n - 1$ 相邻,也就是说,这些数按逆时针方向排列在 $2n$ 边形的各个顶点上. 这表明,最后的安排可以通过开始情形经某直线 l 的反射得到.

注意到,每个数要与另外 $2n-1$ 个数互换,所以开始和最后的顶点上的数不同.

故直线 l 经过 $2n$ 边形两相对边的中点.

假设边 a,b 分别为联结 $2n$ 和 $1,n$ 和 $n+1$ 的边.在此过程中,每个数 x 至少经过直线 l 一次,且这一交换经过边 a 或 b.

假设某两次交换经过边 a 和 b 完成.不妨设先经过边 a 且 $x \leqslant n$,则关于数 x 的运动至少包含如下情形:

(1) 移动顶点 x 到 a,沿 a 穿过直线 l.

(2) 由 a 移动到 b,沿 b 穿过直线 l.

(3) 到达顶点 $2n+1-x$.

则至少交换
$$x+n+(n-x)=2n$$
次,这是不可能的.

因此,每个数只经过边 a 或 b 交换.

最后证明,所有数交换只经过边 a 或 b,即其中有一条边没被选取.从而,结论成立.

否则,所有交换中有经过边 a 和 b.

先考虑这样的交换,数 x,y 按顺时针方向经过边 a,b 穿过直线 l,则 $x \neq y$,故 x,y 开始在直线 l 的两侧.

进一步,由于 x,y 仅交换一次,假设在直线 l 与 y 同侧顶点间进行.此交换是在 x 经过边 a 后,经过这次交换,数 x 在 y 到边 b 的顺时针弧上,且没有路离开该弧(因为 x,y 之间只能交换一次).从而,数 y 要经过边 b 运动,这是不可能的,矛盾.

第7届罗马尼亚大师杯数学竞赛试题及解答

(2015年)

第7届罗马尼亚大师杯数学竞赛于2015年2月25日至3月1日在罗马尼亚首都布加勒斯特举行,共有15个国家及地区的16支代表队参赛,共计103名学生.比赛分两天进行,每天4小时30分钟,3道试题,每题7分.

受中国数学会奥林匹克委员会委托,上海市组队代表中国参加了第7届罗马尼亚大师杯数学竞赛,领队是顾滨(上海中学),副领队是万军(复旦大学附属中学),6名队员是高继扬、黄小雨(上海中学),俞辰捷、侯喆文(华东师范大学第二附属中学),梅灵捷、贾鸿翔(复旦大学附属中学).

经过两天的考试,俄罗斯队以总分105分获得第一名,美国队以总分100分获得第二名,中国队以总分96分获得第三名.大会评出了10枚金牌,14枚银牌和22枚铜牌.俞辰捷、高继扬同学获得了金牌,其中俞辰捷同学获得个人第一名.

下面是本次比赛的试题及解答.

第 1 天

1 是否存在一个正整数的无穷数列 $a_1, a_2, a_3, \cdots$，满足：a_m 与 a_n 互素当且仅当 $|m-n|=1$?

解法 1 存在. 设全体素数列从小到大依次为 $2 = p_1 < p_2 < \cdots < p_k < \cdots$，定义 $a_1 = p_1 p_2$，$a_2 = p_3 p_4$，对正整数 $k \geq 2$，令

$$a_{2k-1} = \left(\prod_{i=1}^{2k-3} p_{2i-1}\right) p_{4k-3} p_{4k-2}$$

$$a_{2k} = \left(\prod_{i=1}^{2k-2} p_{2i}\right) p_{4k-1} p_{4k}$$

以下证明，这样构造的数列 $\{a_n\}_{n=1}^{+\infty}$ 满足题设. 由于素数有无穷多个，所以这样的数列 $\{a_n\}_{n=1}^{+\infty}$ 是无穷正整数数列.

首先，$\gcd(a_1, a_2) = 1$，$\gcd(a_2, a_3) = \gcd(p_3 p_4, p_1 p_5 p_6) = 1$（因为 $p_1 < p_2 < \cdots < p_k < \cdots$ 为素数列）. 对正整数 $k \geq 2$，有

$$a_{2k-1} = (p_1 \cdot p_3 \cdot p_5 \cdots p_{4k-7} \cdot p_{4k-3}) \cdot p_{4k-2}$$
$$a_{2k} = (p_2 \cdot p_4 \cdots p_{4k-4} \cdot p_{4k}) \cdot p_{4k-1}$$
$$a_{2k+1} = (p_1 \cdot p_3 \cdots p_{4k-3} \cdot p_{4k+1}) \cdot p_{4k+2}$$

由于素因子不同，所以

$$\gcd(a_{2k-1}, a_{2k}) = \gcd(a_{2k}, a_{2k+1}) = 1$$

从而，由 $|m - n| = 1$，可知 $\gcd(a_m, a_n) = 1$.

其次，$\gcd(a_k, a_k) = a_k > 1$，故对 $r, s \in \mathbf{N}^*, r = s$，有

$$\gcd(a_r, a_s) > 1$$

对正整数 $m < n$，有

$$p_1 \mid a_{2m-1}, p_1 \mid a_{2n-1} \Rightarrow \gcd(a_{2m-1}, a_{2n-1}) > 1$$
$$p_4 \mid a_{2m}, p_4 \mid a_{2n} \Rightarrow \gcd(a_{2m}, a_{2n}) > 1$$
$$p_{4m-1} \mid a_{2m}, p_{4m-1} \mid a_{2n+1} \Rightarrow \gcd(a_{2m}, a_{2n+1}) > 1$$

（这是因为 $2m < 2n - 1$，所以 $p_{4m-1} \mid a_{2n+1}$），且当 $m < n - 1$ 时，有

$$p_{4m+2} \mid a_{2m+1}, p_{4m+2} \mid a_{2n} \Rightarrow \gcd(a_{2m+1}, a_{2n}) > 1$$

（因为 $2m + 1 < 2n - 2$，所以 $p_{4m+2} \mid a_{2n}$）.

这表明，对所有 $r, s \in \mathbf{N}^*, r - s \geq 2, \gcd(a_r, a_s) > 1$，从而上面构造的数列 $\{a_n\}$ 满足

$$\gcd(a_m, a_n) = 1 \Leftrightarrow |m - n| = 1$$

解法 2 由于素数有无穷多个，所以可记 $p_1 < p_2 < p_3 < \cdots$ 是全体素数的排列.

令
$$a_n = \begin{cases} p_{2n-1} p_{2n} p_1 p_3 p_5 \cdots p_{2n-5}, & \text{若 } 2 \nmid n \\ p_{2n-1} p_{2n} p_2 p_4 p_6 \cdots p_{2n-4}, & \text{若 } 2 \mid n \end{cases}$$

下证上述数列 $\{a_n\}_{n=1}^{+\infty}$ 满足条件，对任意的正整数 m,n，不妨设 $m \geqslant n$.

(1) 当 $m=n$ 时，因为 $p_{2n-1} p_{2n} \mid a_n$，所以 $a_n \neq 1$，于是 $(a_m, a_n) = a_n > 1$.

(2) 当 $m = n+1$ 时.

① 若 $2 \nmid n$，则 $a_n = p_{2n-1} p_{2n} p_1 p_3 p_5 \cdots p_{2n-5}$，$a_{n+1} = p_{2n+1} p_{2n+2} \cdot p_2 p_4 p_6 \cdots p_{2n-2}$，所以 $(a_n, a_{n+1}) = 1$.

② 若 $2 \mid n$，则 $a_n = p_{2n-1} p_{2n} p_2 p_4 p_6 \cdots p_{2n-4}$，$a_{n+1} = p_{2n+1} p_{2n+2} \cdot p_1 p_3 p_5 \cdots p_{2n-3}$，所以 $(a_n, a_{n+1}) = 1$.

综上，当 $|m-n|=1$ 时，$(a_m, a_n) = 1$.

(3) 当 $m \geqslant n+2$ 时.

① 若 $2 \nmid m$，则 $a_m = p_{2m-1} p_{2m} p_1 p_3 p_5 \cdots p_{2m-5}$，因为 $m \geqslant n+2$，所以 $2m-5 \geqslant 2(n+2)-5 = 2n-1$，即 $2n-1 \in \{1,3,5,\cdots, 2m-5\}$，于是 $p_{2n-1} \mid a_m$，又 $p_{2n-1} \mid a_n$，故 $(a_m, a_n) \geqslant p_{2n-1} > 1$.

② 若 $2 \mid m$，则 $a_m = p_{2m-1} p_{2m} p_2 p_4 p_6 \cdots p_{2m-4}$，因为 $m \geqslant n+2$，所以 $2m-4 \geqslant 2(n+2)-4 = 2n$，即 $2n \in \{2,4,6,\cdots, 2m-4\}$，于是 $p_{2n} \mid a_m$，又 $p_{2n} \mid a_n$，故 $(a_m, a_n) \geqslant p_{2n} > 1$.

综上，当 $|m-n| \geqslant 2$ 时，$(a_m, a_n) > 1$.

结合 (1), (2), (3)，得 $(a_m, a_n) = 1 \Leftrightarrow |m-n| = 1$，这说明存在这样的数列.

❷ 两名玩家在一个正 $n, n \geqslant 5$ 边形边界上玩游戏. 开始时，有三枚棋子位于正 n 边形的连续三个顶点处（每一个顶点处各有一枚棋子），然后玩家轮流进行如下操作：选取其中的一枚棋子，沿正 n 边形的边界移动到另一个没有棋子的顶点，中间可以经过任意多条边，但不可跨越其他棋子，使得以这三枚棋子为顶点的三角形的面积在移动后比移动前严格增加. 规定当一名玩家无法按照上述规则移动棋子时，该名玩家为输家. 试问：对哪些 n，先手有必胜策略？

解 如图 1，对三枚棋子的某个状态，设三枚棋子放置于点 A, B, C 处，定义 A, B 的"距离"为以 AB 为弦的不含点 C 的弓形内正 n 边形的边的数目. 类似定义 B, C 及 C, A 的"距离". 数组 (a, b, c) 为 A, B 间，B, C 间，C, A 间"距离"的一个排列，使得 $a \leqslant b \leqslant c$，则 $a+b+c = n$. 假设某次操作将棋子从点 C 移到点 C'，作 $CC_1 \parallel AB$ 交圆于点 C_1，点 C' 在圆弧 $\overset{\frown}{CC_1}$ 上（不含点 A，不包含点

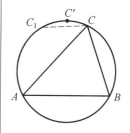

图 1

C, C_1),设点 C 到点 A 的"距离"为 x,点 C 到点 B 的"距离"为 y, $a > b$,则点 C' 到点 A 的"距离"在 (x, y) 内为 $|x-y|$,严格减小. 每次操作是将数组 (a, b, c) 中两个元素用和相同,但差绝对值更小的两个正整数代替,再重新排序得到数组 (a', b', c'),注意到,若 $c - a \geq 2$,则可用 $a+1, c-1$ 代替 a, c. 故若无法继续操作,则必有 $c - a \leq 1$.

记起初数组为 (a_0, b_0, c_0). 若此时先手有必胜策略,称 (a_0, b_0, c_0) 为"优的",否则为"劣的",则 (a_0, b_0, c_0) 为"优的" $\Leftrightarrow$ 可以对 (a_0, b_0, c_0) 操作一次,使得新数组为"劣的",(a_0, b_0, c_0) 为"劣的" $\Leftrightarrow$ 无论怎么对 (a_0, b_0, c_0) 操作(可能无法操作),新数组均为"优的". 由于操作方法有限,所以 (a_0, b_0, c_0) 要么使先手必胜,要么使先手必败.

引理:若 $a < b < c$,则 (a, b, c) 为"优的".

引理的证明:用反证法. 假设 (a, b, c) 为"劣的".

(1) 若 $b \leq \dfrac{n}{3}$,由于 $a < b \leq n - 2b < n - a - b = c$,所以可对 (a, b, c) 操作一次,得到 $(b, b, n-2b)((n-2b)-b < c - a)$. (a, b, c) 为"劣的" $\Rightarrow$ $(b, b, n-2b)$ 为"优的" $\Rightarrow$ 存在 $\alpha, \beta \in \mathbf{N}^*, \alpha + \beta = n - b, 0 < \beta - \alpha < n - 3b, (b, \alpha, \beta)$ 为"劣的"(因为 $a > b$),但 $\alpha + \beta = n - b = a + c, \beta - \alpha < n - 3b < c - a$. 可以将 (a, b, c) 操作一次,得到 (b, α, β),且 (a, b, c) 和 (b, α, β) 均为"劣的",矛盾.

(2) 若 $b > \dfrac{n}{3}$,由于 $a = n - b - c < n - 2b < b < c$,所以可对 (a, b, c) 操作一次,得到 $(n-2b, b, b)(b - (n-2b) < c - a), (a, b, c)$ 为"劣的" $\Rightarrow (n-2b, b, b)$ 为"优的" $\Rightarrow$ 存在 $\alpha, \beta \in \mathbf{N}^*, \alpha + \beta = n - b, 0 \leq \beta - \alpha < 3b - n, (\alpha, \beta, b)$ 为"劣的"(因为 $\beta < b$),但 $\alpha + \beta = n - b = a + c, \beta - \alpha < 3b - n < c - a$,所以可将 (a, b, c) 操作一次,得到 (α, β, b),且 (a, b, c) 和 (α, β, b) 均为"劣的",矛盾.

综合 (1),(2),知假设不成立,引理获证.

回到原题,只需求 $n \geq 5$,使得 $(1, 1, n-2)$ 为"优的". 由引理,知 $(a, b, c), a < b < c$ 为"优的",所以当有人操作过后,数组 (a, b, c) 由 2 个 a 和 1 个 b 组成,$a \neq b$,则下一次操作必须将 1 个 a 和 1 个 b 用 2 个 $\dfrac{a+b}{2}$ 代替(由于操作只能对 1 个 a, 1 个 b 执行,所以不会产生 $a < b < c$,从而必败的情形). (*)

记数组 (a, b, c) 的"间距"为 x,若 (a, b, c) 由 2 个 a 和 1 个 b 组成,则 $x = |a - b|, a \neq b$.

注意到,当用 2 个 $\dfrac{a+b}{2}$ 替换 1 个 a, 1 个 b 时,(a, b, c) 的"间

距"为 $x' = \left| a - \dfrac{a+b}{2} \right| = \dfrac{x}{2}$. 所以,若能如此,则必有 $2 \mid x$;反之,若 $2 \mid x$,则 a, b 同奇偶,结合 $a \neq b$,知可将 1 个 a,1 个 b 替换成 2 个 $\dfrac{a+b}{2}$,从而双方必须轮流进行操作($*$),直至某一时刻"间距"为奇数,此时要进行操作的人败.

一开始的"间距"为 $n-3(>0)$,用 $v_2(n-3) = \alpha$ 表示 $2^\alpha \parallel n-3$,则进行 α 次操作($*$)后,"间距"为奇数.

所以,当 α 为奇数时,先手胜,进而,当且仅当 $2 \nmid v_2(n-3)$ 时,先手胜.

综上所述,先手必胜的策略等价于 $n = 2^{2k+1} m + 3, k \in \mathbf{N}$,$m \in \mathbf{N}^*, 2 \nmid m$.

> **3** 在黑板上写着一列有限个有理数,一次操作是指:从这列数字中任选两数 a 与 b,擦去它们,写下如下形式中的一种:$a+b, a-b, b-a, a \cdot b, \dfrac{a}{b}$(如果 $b \neq 0$),$\dfrac{b}{a}$(如果 $a \neq 0$).
>
> 求证:对于每一个给定的正整数 $n > 100$,仅存在有限多个整数 $k, k \geq 0$,使得由 $k+1, k+2, \cdots, k+n$ 构成的一列数字,在 $n-1$ 次操作后得到 $n!$.

证明 首先,黑板上的数起初都是 $\dfrac{P_i(k)}{Q_i(k)}, i = 1, 2, \cdots, n$ 的形式(事实上,$P_i(k) = k+i, Q_i(k) = 1$),这里 $P_i, Q_i \in \mathbf{Z}[k]$,注意到

$$\dfrac{p(k)}{q(k)} + \dfrac{r(k)}{s(k)} = \dfrac{p(k)s(k) + q(k)r(k)}{q(k)s(k)}$$

$$\dfrac{p(k)}{q(k)} - \dfrac{r(k)}{s(k)} = \dfrac{p(k)s(k) - q(k)r(k)}{q(k)s(k)}$$

$$\dfrac{p(k)}{q(k)} \cdot \dfrac{r(k)}{s(k)} = \dfrac{p(k)r(k)}{q(k)s(k)}$$

$$\dfrac{p(k)}{q(k)} \div \dfrac{r(k)}{s(k)} = \dfrac{p(k)s(k)}{q(k)r(k)}$$

如果黑板上起初写有 $k+1, k+2, \cdots, k+n$(k 为一个变量而非常量),那么黑板上所出现过的始终是形如 $\dfrac{U(k)}{V(k)}$ 的式子,其中 $U(k), V(k) \in \mathbf{Z}[k]$.

我们指出,操作序列是有限的,这是因为 $n-1$ 次操作中每次选出的两个数至多有 C_n^2 种,而所执行的操作只能有 6 种,操作序列不超过 $(6C_n^2)^{n-1}$ 种,最终黑板上写有式子 $\dfrac{f(k)}{g(k)}$,这里 f,$g \in \mathbf{Z}[k]$,且有序列 (f, g) 不超过 $(6C_n^2)^{n-1}$ 种. 如果对每个可能

的(f,g)，$\dfrac{f(k)}{g(k)}$不恒等于$n!$，那么$f(k)=n!$，$g(k)$只有有限多个解，从而(f,g)对数有限，故k个数有限，结论获证.

下设存在一个可能的$(f,g)=(F,G)$，使得$\dfrac{f(k)}{g(k)}\equiv n!$. 接下来证明这不可能，故存在一种操作序列，使得对任意的k，最后操作得$n!$（这是因为最后得到的数与k无关）.

对有理数$\dfrac{p}{q}$，$p,q\in \mathbf{Z}$（这里允许$p=0$），定义$A\left(\dfrac{p}{q}\right)=|p|+|q|$，特别地，$A(0)=1$（即将$0$视作$\dfrac{0}{1}$，故$A\left(\dfrac{p}{q}\right)=|p|+|q|$对任意$\dfrac{p}{q}\in \mathbf{Q}$成立）. 注意到黑板上的数始终是有理数（因为起初写有n个整数），可以定义一个乘积$P=\prod\limits_{x}A(x)$，这里x取遍黑板上写有的数（如重复则多次计入），下面我们证明P单调不增.

事实上，设$a=\dfrac{p}{q}$，$b=\dfrac{r}{s}$，$p,q,r,s\in \mathbf{Z}$，则有
$$A(a)\cdot A(b)=(|p|+|q|)(|r|+|s|)$$
$$A(a)\cdot A(b)\geqslant |p|\cdot|s|+|q|\cdot|r|+|q|\cdot|s|$$
$$\geqslant |ps+qr|+|qs|=A\left(\dfrac{ps+qr}{qs}\right)$$
$$=A(a+b)$$

（这里用到了$A\left(\dfrac{x}{y}\right)=|x|+|y|$，任意$x,y\in \mathbf{Z}$）
$$A(a)\cdot A(b)\geqslant |p|\cdot|s|+|q|\cdot|r|+|q|\cdot|s|$$
$$\geqslant |ps-qr|+|qs|$$
$$=A\left(\dfrac{ps-qr}{qs}\right)=A\left(\dfrac{qr-ps}{qs}\right)$$
$$=A(a-b)=A(b-a)$$
$$A(a)\cdot A(b)\geqslant |p|\cdot|r|+|q|\cdot|s|=A\left(\dfrac{pr}{qs}\right)=A(ab)$$
$$A(a)\cdot A(b)\geqslant |p|\cdot|s|+|q|\cdot|r|=A\left(\dfrac{ps}{qr}\right)=A\left(\dfrac{qr}{ps}\right)$$
$$=A\left(\dfrac{a}{b}\right)=A\left(\dfrac{b}{a}\right)$$

故若擦去a,b得到c，则$A(a)A(b)\geqslant A(c)$，由于黑板上其余数的A值均为正，故乘积$P=\prod\limits_{x}A(x)$不增. 注意到n次操作后得到的有理分式为$\dfrac{F(k)}{G(k)}$，于是由上述结论，得
$$A\left[\dfrac{F(k)}{G(k)}\right]\leqslant A(k+1)\cdot\cdots\cdot A(k+n)$$

取 $k=-1,-2,\cdots,-n$,则
$$A(k+1)\cdot\cdots\cdot A(k+n) \leqslant n!$$
而
$$A\left[\frac{F(k)}{G(k)}\right] \leqslant |F(k)|+|G(k)|=(n!+1)|G(k)|$$
$\left(\frac{F}{G}\equiv n!, F,G\in \mathbf{Z}[x]\leqslant n!\right)$,从而 $\deg G\geqslant n$.

再证明 $\deg G<n$.

(1) 若没有进行过除法运算,则 $G\equiv 1, \deg G<n$.

(2) 若进行过除法运算,则定义
$$K\left(\frac{f}{g}\right)=\max\{\deg f, \deg g\}$$
$$K\left(\frac{f}{g}\pm\frac{h}{p}\right)\leqslant K\left(\frac{f}{g}\right)+K\left(\frac{h}{p}\right)$$
$$K\left(\frac{f}{g}\cdot\frac{h}{p}\right)\leqslant K\left(\frac{f}{g}\right)+K\left(\frac{h}{p}\right)$$
$$K\left(\frac{f}{g}\Big/\frac{h}{p}\right)\leqslant K\left(\frac{f}{g}\right)+K\left(\frac{h}{p}\right) \qquad ①$$

且于第一次除法运算时,$g=p=1, \deg f>0, \deg h>0$,式 ① 中等号不成立,故
$$K\left(\frac{F}{G}\right)<K(k+1)+K(k+2)+\cdots+K(k+n)=n$$
即 $\deg G<n$.

于是假设不成立,对每个可能的 (f,g),$\frac{f(k)}{g(k)}$ 不恒为 $n!$,从而 k 的个数有限,证毕.

第 2 天

4 已知在 $\triangle ABC$ 中,点 D 为 $\triangle ABC$ 的内切圆与边 BC 的切点,假设点 J_b 与点 J_c 分别为 $\triangle ABD$ 和 $\triangle ACD$ 的内心.求证:$\triangle AJ_bJ_c$ 的外心落在 $\angle BAC$ 的平分线上.

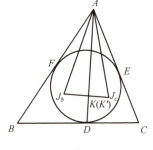

图 2

证明 如图 2,设 $\triangle ABC$ 的内切圆在边 AB 和 AC 上的切点分别为 F,E,点 J_b,J_c 在边 AD 上的投影分别为点 K,K',点 K 是 $\triangle ABD$ 的内切圆与边 AD 的切点,点 K' 是 $\triangle ACD$ 的内切圆与边 AD 的切点,由切线长定理,知

$$AE = AF, BF = BD, CD = CE$$
$$AK = \frac{AB + AD - BD}{2} = \frac{AF + BF + AD - BD}{2}$$
$$= \frac{AF + AD}{2} = \frac{AE + AD}{2}$$
$$= \frac{AE + CE + AD - CD}{2}$$
$$= \frac{AC + AD - CD}{2} = AK'$$

所以 $K = K'$，即 $J_b J_c \perp AD$. 设 $\triangle AJ_b J_c$ 的外心为 O，垂心为 H，由于 O, H 关于 $\triangle AJ_b J_c$ 互为等角共轭点，所以
$$\angle OAJ_b = \angle HAJ_c = \angle DAJ_c = \angle CAJ_c$$
$$\angle OAJ_c = \angle HAJ_b = \angle DAJ_b = \angle BAJ_b$$
(这里用到了 AJ_b, AJ_c 平分 $\angle BAD, \angle CAD$)，从而
$$\angle BAO = \angle BAJ_b + \angle OAJ_b = \angle OAJ_c + \angle CAJ_c = \angle CAO$$
即点 O 在 $\angle BAC$ 的平分线上，证毕.

5 设素数 $p \geqslant 5$，对于正整数 k，定义 $R(k)$ 为 k 被 p 除后的余数，其中 $0 \leqslant R(k) \leqslant p-1$. 试求所有正整数 $a < p$，使得对每一个 $m = 1, 2, \cdots, p-1$，均有 $m + R(ma) > a$ 成立.

解 设 $p = as + r$，其中 $s, r \in \mathbf{N}, r < a$.

(1) 若 $a = 1$，则对任意 $1 \leqslant m \leqslant p-1$，有
$$m + R(ma) = m + R(m) = 2m \geqslant 2 > a$$

(2) 若 $a \geqslant 2$，由于 p 为素数，$r < a < p$，故 $r > 0$，则
$$s = \left[\frac{p}{a}\right] < \frac{p}{a} \leqslant \frac{p}{2} < p - 1 \quad (\text{因为 } p > 2)$$
$$s + 1 \leqslant p - 1$$

取 $m = s + 1$，则
$$s + 1 + R(as + a) > a$$

由于 $0 < r < a < p$，所以
$$p = as + r < as + a < as + p < 2p$$
$$R(as + a) = as + a - p = a - r$$
$$s + 1 + a - r > a$$

即 $r < s + 1$，亦即 $r \leqslant s$.

下证：若 $r \leqslant s$，则 a 满足题设. 设
$$m = qs + t, q, t \in \mathbf{N}, t < s$$

① 若 $t \geqslant 1$，则 $m + R(ma) = qs + t + R(aqs + at)$，注意到
$$aqs + at < aqs + as < aqs + p < aqs + qr + p = (q+1)p$$
$$R(aqs + at) \geqslant aqs + at - qp = aqs + at - q(as + r) = at - qr$$

$$m+R(ma) \geqslant qs+t+at-qr \geqslant t+at > at \geqslant a$$

② 若 $t=0$,则 $m+R(ma)=qs+R(aqs)$,注意到
$$qp=aqs+qr > aqs > aqs+qr-p=(q-1)p$$
(这里用到 $qr \leqslant qs=m < p$)
$$R(aqs)=aqs-(q-1)p=p-qr$$
$$m+R(ma)=qs+p-qr \geqslant p > a$$

总之,若 $r \leqslant s$,则 a 满足题设.

当 $a \leqslant [\sqrt{p}]$ 时,$r < a \leqslant [\sqrt{p}] \leqslant s$(因为 $a \cdot [\sqrt{p}] < p$,而 $s=\left[\dfrac{p}{s}\right]$,所以 $s \geqslant [\sqrt{p}]$);

当 $a > [\sqrt{p}]$ 时,由于 $[\sqrt{p}]^2 > p$,$a \geqslant [\sqrt{p}]$,所以 $s \leqslant [\sqrt{p}] < a$,此时
$$r \leqslant s \Leftrightarrow as < p \leqslant as+s \Leftrightarrow \dfrac{p}{s}-1 \leqslant a < \dfrac{p}{s}$$

若 $s \geqslant 2$,则由 $1 < s \leqslant [\sqrt{p}] < p$,知 $s \nmid p$,从而 $a=\left[\dfrac{p}{s}\right]$,若 $s=1$,则 $a=p-1$.

综上所述,所求 $a=A$,$1 \leqslant A \leqslant [\sqrt{p}]$,$A \in \mathbf{N}^*$ 或 $a=p-1$ 或 $a=\left[\dfrac{p}{s}\right]$,$2 \leqslant s \leqslant [\sqrt{p}]$.

注:上述答案也可写成 $a=p-1$ 或 $a=\left[\dfrac{p}{s}\right]$,$2 \leqslant s \leqslant p-1$,这只需用到对 $2 \leqslant a \leqslant [\sqrt{p}]$,有 $\left[\dfrac{p}{a}\right] \geqslant a$,从而
$$a\left[\dfrac{p}{a}\right] < p < a\left(\left[\dfrac{p}{a}\right]+1\right) \leqslant a\left[\dfrac{p}{a}\right]+\left[\dfrac{p}{a}\right]$$
即有 $\left[\dfrac{p}{\left[\dfrac{p}{a}\right]}\right]=a$,且 $\left[\dfrac{p}{p-1}\right]=1$.

❻ 给定一个正整数 n,试求最大的实数 μ,满足条件对"开"单位正方形 U 内的任意一个由 $4n$ 个点构成的集合 C,存在一个 U 内的"开"矩形 T,满足如下性质:

(1) T 的边均与 U 的边平行.

(2) T 恰好包含 C 中的一个点.

(3) T 的面积至少是 μ.

注:所谓"开"图形,是指不含该图形的边界.

解 $\mu_{\max}=\dfrac{1}{2n+2}$. 不失一般性,设 U 为平面直角坐标系内

$$\begin{cases} 0 < x < 1 \\ 0 < y < 1 \end{cases}$$ 所构成的点集.

取正数 $\varepsilon < \dfrac{1}{n+1}$,记
$$C = \left\{ \left(\dfrac{k}{n+1} + \varepsilon_1 \cdot \varepsilon, \dfrac{1}{2} + \varepsilon_2 \cdot \varepsilon \right) \middle| \varepsilon_1, \varepsilon_2 \in \right.$$
$$\left. \{1, -1\}, k = \{1, 2, \cdots, n\} \right\}$$

则对于一个"开"矩形 T,若它恰包含 C 内一点,且边平行于坐标轴,则其横坐标跨度不超过 $\dfrac{1}{n+1} + \varepsilon$,纵坐标跨度不超过 $\dfrac{1}{2} + \varepsilon$, $\mu \leqslant \left(\dfrac{1}{n+1} + \varepsilon \right) \left(\dfrac{1}{2} + \varepsilon \right)$,当 $\varepsilon \to 0$ 时, $\mu \leqslant \dfrac{1}{2(n+1)}$.

下证: $\mu = \dfrac{1}{2n+2}$ 是可行的.

设集合 C 内的点共有 k 种横坐标 $x_1, x_2, \cdots, x_k$,满足 $0 < x_1 < x_2 < \cdots < x_k < 1$,且横坐标为 x_i 的点有 a_i 个,特别地 $x_0 = 0, x_{k+1} = 1$,不妨设 $k > 1$,否则将横、纵坐标交换.我们首先给出一个引理.

引理:若线段 $A_0 A_m$ 内部有 $m-1$ 个点, $A_1, A_2, \cdots, A_{m-1}$ 且
$$|A_0 A_1| < |A_0 A_2| < \cdots < |A_0 A_{m-1}| < |A_0 A_m| = 1$$
则存在 $0 \leqslant i \leqslant m-2$, $|A_i A_{i+2}| \geqslant \dfrac{2}{m+f(m)}$,这里
$$f(m) = \begin{cases} 0, & m = 2 \\ 1, & m \geqslant 3 \end{cases}$$

引理的证明:若 m 为偶数,则有
$$|A_0 A_2| + |A_2 A_4| + |A_4 A_6| + \cdots + |A_{m-2} A_m| = |A_0 A_m| = 1$$
由此知,存在 $i \in \{0, 2, \cdots, m-2\}$,使
$$|A_i A_{i+2}| \geqslant \dfrac{1}{\dfrac{m}{2}} \geqslant \dfrac{2}{m+f(m)}$$

若 m 为奇数,则有
$$|A_0 A_2| + |A_1 A_3| + |A_3 A_5| + \cdots + |A_{m-2} A_m|$$
$$= |A_0 A_m| + |A_1 A_2| > 1$$
由此知,存在 $i \in \{0, 1, 3, \cdots, m-2\}$,使
$$|A_i A_{i+2}| \geqslant \dfrac{1}{\dfrac{m+1}{2}} \geqslant \dfrac{2}{m+f(m)}$$

(因为 m 为奇数 $\Rightarrow m \geqslant 3$),引理获证.

回到原题:设横坐标为 x_j 的点的纵坐标从小至大排序为点 $A_1, A_2, \cdots, A_{a_j}$,并令 $A_0(x_j, 0), A_{a_j+1}(x_j, 1)$.由引理知,存在 $i \in \{0, 1, \cdots, a_{j-1}\}$,使得

$$|A_iA_{i+2}| \geqslant \frac{2}{a_j+1+f(a_j+1)}$$

矩形 T：$\begin{cases} x_{j-1} < x < x_{j+1} \\ y_i < y < y_{i+2} \end{cases}$ 包含 U，且仅包含集合 C 内一点 A_{i+1}（y_i, y_{i+2} 分别为点 A_i, A_{i+2} 的纵坐标）. 假设 $\mu = \frac{1}{2n+2}$ 不可行，则

$$(x_{j+1} - x_{j-1})(y_{i+2} - y_i) < \frac{1}{2n+2}$$

$$x_{j+1} - x_{j-1} < \frac{a_j + 1 + f(a_j+1)}{4n+4}$$

对任意 $j \in \{1, 2, \cdots, k\}$ 成立. 因为 $y_{i+2} - y_i = |A_iA_{i+2}|$，设集合 S 是 $2, 3, \cdots, k-1$ 中所有偶数的集合，T 是 $2, 3, \cdots, k-1$ 中所有奇数的集合，所以

$$\sum_{j \in S}(x_{j+1} - x_{j-1}) \geqslant x_{k-1} - x_1$$

$$\sum_{j \in T}(x_{j+1} - x_{j-1}) \geqslant x_{k-1} - x_2$$

（这是因为集合 S, T 中最大元均不小于 $k-2$，且 $x_2 < x_3 < \cdots < x_{k-1}$）.

设 a_1, a_k 中有 A 个大于 1，$2-A$ 个等于 1；$a_j, j \in S$ 中有 B 个大于 1，C 个等于 1；$a_j, j \in T$ 中有 D 个大于 1，E 个等于 1，$a_j > 1 \Leftrightarrow f(a_j+1) = 1$，所以

$$1 < x_{k+1} - x_{k-1} + \sum_{j \in S}(x_{j+1} - x_{j-1}) + x_2 - x_0$$

$$< \frac{a_1 + 1 + f(a_1+1)}{4n+4} + \frac{a_k + 1 + f(a_k+1)}{4n+4} +$$

$$\sum_{j \in S} \frac{a_j + 1 + f(a_j+1)}{4n+4}$$

$$= \frac{\sum_{\substack{1 \leqslant j \leqslant k \\ j \notin T}} a_j + 2 + (B+C) + A + B}{4n+4}$$

$$\leqslant \frac{4n - 2D - E + 2 + (B+C) + A + B}{4n+4} \quad \text{(因为} \sum_{j=1}^{k} a_j = 4n\text{)}$$

$$= \frac{4n + 2 + A + 2B + C - 2D - E}{4n+4}$$

同理

$$1 \leqslant x_{k+1} - x_{k-1} + \sum_{j \in T}(x_{j+1} - x_{j-1}) + x_2 - x_0$$

$$< \frac{a_1 + 1 + f(a_1+1)}{4n+4} + \frac{a_k + 1 + f(a_k+1)}{4n+4} +$$

$$\sum_{j \in T} \frac{a_j + 1 + f(a_j+1)}{4n+4}$$

$$= \frac{\sum_{\substack{1\leqslant j\leqslant k \\ j\notin S}} a_j + 2 + (D+E) + A + D}{4n+4}$$

$$\leqslant \frac{4n - 2B - C + 2 + (D+E) + A + D}{4n+4}$$

$$= \frac{4n + 2 + A - 2B - C + 2D + E}{4n+4}$$

将以上两式相加,得

$$2 < \frac{8n + 4 + 2A}{4n+4}$$

即 $A > 2$,但 A 是 a_1, a_k 中大于 1 的数的数目,矛盾! 当 $A \leqslant 2$ 时,$\mu = \dfrac{1}{2n+2}$ 可行,证毕.

第8届罗马尼亚大师杯数学竞赛试题及解答

(2016年)

第 1 天

1 在 $\triangle ABC$ 中,点 D 在线段 BC 上,且 D 与 B,C 均不重合,$\triangle ABD$ 的外接圆与线段 AC 的另一个交点为 E,$\triangle ACD$ 的外接圆与线段 AB 的另一个交点为 F. 记点 A' 为点 A 关于直线 BC 的对称点,直线 $A'C$ 与 DE 交于点 P,且直线 $A'B$ 与 DF 交于点 Q. 证明:直线 AD,BP,CQ 三线共点或互相平行.

证明 如图1,记 σ 为关于 BC 的对称变换.

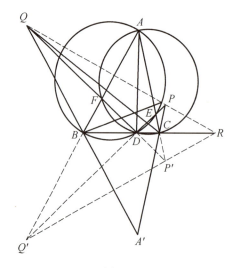

图 1

由 A,E,D,F 四点共圆,得

$$\angle BDF = \angle BAC = \angle CDE$$

则直线 DE 与直线 DF 在变换 σ 下互为对方的像. 故直线 AC 与直线 DF 交于点 $P' = \sigma(P)$,直线 AB 与直线 DE 交于点 $Q' = \sigma(Q)$.

于是,直线 PQ,$P'Q' = \sigma(PQ)$,BC 交于同一点 R(有可能是无穷远点).

又直线对 $(CA;QD)$,$(AB;DP)$,$(BC;PQ)$ 的三个交点共线(三个交点分别为 P',Q',R),则 $\triangle ABC$ 与 $\triangle DPQ$ 互为透视三角形.

由笛沙格定理,知 AD,BP,CQ 三线共点或互相平行.

❷ 给定正整数 m,且 $n \geq m$,在一个 $m \times 2n$ 的方格表中最多能放入多少块多米诺骨牌(1×2 或 2×1 的小方格表)满足以下条件:

(1) 每块多米诺骨牌恰覆盖两个相邻的小方格.
(2) 任意一个小方格至多被一块多米诺骨牌覆盖.
(3) 任意两块多米诺骨牌不能形成 2×2 的方格表.
(4) 最后一行的方格恰被 n 块多米诺骨牌完全覆盖.

证明 所求最大值为 $mn - \left[\dfrac{m}{2}\right]$([x] 表示不超过实数 x 的最大整数),且对任意交替的两行分别用 n 块 1×2 与 $n-1$ 块 1×2 的多米诺骨牌使得最后一行的方格恰被 n 块多米诺骨牌完全覆盖即可.

为证明满足题目条件的多米诺骨牌至多能放入 $mn - \left[\dfrac{m}{2}\right]$ 块,将原方格表中的行自下而上分别标为第 $0, 1, \cdots, m-1$ 行,且对第 i 行画一个垂直对称的 $n-i$ 个虚构的多米诺块(因此,第 i 行在两侧各有 i 个小方格没有被画进去),图 2 是 $m = n = 6$ 的情形.

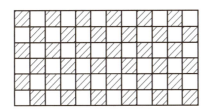

图 2

虚构一个多米诺块,若其恰被一块多米诺骨牌覆盖,则称此多米诺块是"好的";否则,称其为"坏的".

下面分类讨论.

(1) 若所有虚构的多米诺块均为"好的",则剩下的多米诺骨牌不会覆盖这些虚构的多米诺块.因此,这些多米诺骨牌必须分布在左上角和右上角处的边长为 $m-1$ 的三角形区域中.

像棋盘一样对这些小方格进行黑白染色,知任何一个三角形区域中的黑格数与白格数的数目相差 $\left[\dfrac{m}{2}\right]$.

因为每块多米诺骨牌覆盖两种不同色的小方格,所以在每个三角形区域中至少有 $\left[\dfrac{m}{2}\right]$ 个小方格没有被覆盖,故结论成立.

(2) 为了处理剩下情形即有"坏的"多米诺块存在,只要证明满足条件的覆盖方式可以转换为另一种,且保证多米诺骨牌数没有减少,而"坏的"虚构的多米诺块数减少了.经过有限次转换后,可将所有的多米诺块均变成"好的",且多米诺骨牌数没有减少,故可由情形(1)得结论成立.

如图 3,考虑标数最小的存在"坏的"多米诺块的行(这显然不是最后一行),且记 D 为这个多米诺块.记 l, r 分别为 D 的左边、右边的小方格.注意到,l, r 下面的小方格分别被 D_1, D_2 覆盖.

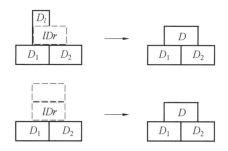

图 3

若 l 被一块多米诺骨牌 D_l 覆盖,则由 D 是"坏的"且任意两块多米诺骨牌不能形成 2×2 的方格表,知 D_l 是纵向的.若 r 也被一块多米诺骨牌 D_r 覆盖,则 D_r 也是纵向的,且与 D_l 形成了一个 2×2 的方格表,产生矛盾.从而,必有 r 是空的.于是,可将多米诺骨牌 D_l 换成 D,同样满足题目条件,且保证了多米诺骨牌数没有减少,而"坏的"虚构的多米诺骨牌块数减少了.

对于 r 被多米诺骨牌覆盖的情形完全类似.

若 D 的 l 与 r 均没有被多米诺骨牌覆盖,则可直接在 D 处添上一块多米诺骨牌;或为了保证任意两块多米诺骨牌不形成 2×2 的方格表,将 D 正上方的多米诺骨牌直接平移到 D 的位置即可.

3 定义立方序列
$$a_n = n^3 + bn^2 + cn + d$$
其中,b,c,d 为整数且为常数,n 取遍所有整数.

(1)证明:存在一个立方序列,使得在此序列中只有 $a_{2\,015}, a_{2\,016}$ 为完全平方数.

(2)若一个立方序列满足条件(1),求 $a_{2\,015}, a_{2\,016}$ 的所有可能值.

证明 由于对数列的平移不改变问题,为简化起见,可用 a_0 代替 $a_{2\,015}$,且用 a_1 代替 $a_{2\,016}$.

若有一个立方序列 a_n,只有 a_0, a_1 为完全平方数,则设 $a_0 = p^2, a_1 = q^2$.

考虑过点 $(0,p), (1,q)$ 的直线
$$y = (q-p)x + p$$
则方程
$$[(q-p)x + p]^2 = x^3 + bx^2 + cx + d$$
有根 $x = 0, 1$.

由韦达定理,知其另一个根为
$$x = (q-p)^2 - b - 1$$
即当 $n = (q-p)^2 - b - 1$ 时,a_n 也为完全平方数.

而由题意知 $x = 0$ 或 $x = 1$,得
$$(q-p)^2 - b - 1 = 0 \text{ 或 } (q-p)^2 - b - 1 = 1$$

类似地,考虑过点 $(0, -p), (1, q)$ 的直线 $y = (q+p)x - p$,得
$$(q+p)^2 - b - 1 = 0 \text{ 或 } (q+p)^2 - b - 1 = 1$$

因为 $(q-p)^2$ 与 $(q+p)^2$ 有相同的奇偶性,所以必有 $pq = 0$. 下面只需证明这样的数列存在即可.

记 $p = 0$.

考虑数列 $a_n = n^3 + (q^2 - 2)n^2 + n$,满足 $a_0 = 0, a_1 = q^2$.

下面证明 $q = 1$ 符合.

事实上,若 $a_n = n(n^2 - n + 1)$ 为完全平方数,由 $n^2 - n + 1$ 为正整数,知若 $n \neq 0$,则必有 $n, n^2 - n + 1$ 均为完全平方数. 从而, 必有 $n > 0$.

当 $n > 1$ 时
$$(n-1)^2 < n^2 - n + 1 < n^2$$
故 $n^2 - n + 1$ 不为完全平方数.

从而,$n = 0$ 或 1.

第 2 天

4 设正实数 x,y 满足 $x+y^{2016} \geq 1$. 证明
$$x^{2016} + y > 1 - \frac{1}{100}$$

证明 (1) 当 $y > 1 - \frac{1}{100}$ 时，结论显然成立.

(2) 当 $y \leq 1 - \frac{1}{100}$ 时，由于
$$x \geq 1 - y^{2016} \geq 1 - \left(1 - \frac{1}{100}\right)^{2016}$$

所以由伯努利不等式得
$$x^{2016} \geq 1 - 2016\left(1 - \frac{1}{100}\right)^{2016}$$

故为证明结论，只需证明
$$1 - 2016\left(1 - \frac{1}{100}\right)^{2016} > 1 - \frac{1}{100}$$
$$\Leftrightarrow \left(1 - \frac{1}{100}\right)^{2016} < \frac{1}{100 \times 2016}$$
$$\Leftrightarrow \left(\frac{100}{99}\right)^{2016} > 100 \times 2016$$

再次利用伯努利不等式，有
$$\left(\frac{100}{99}\right)^{2016} > \left[\left(1 + \frac{1}{99}\right)^{100}\right]^{20} \geq \left(1 + \frac{100}{99}\right)^{20}$$
$$> 2^{20} = 2^9 \times 2^{11}$$
$$= 512 \times 2048 > 100 \times 2016$$

5 给定凸六边形 $A_1 B_1 A_2 B_2 A_3 B_3$，其顶点在半径为 R 的圆 Γ 上. 三条对角线 $A_1 B_2, A_2 B_3, A_3 B_1$ 共点于 X. 对于 $i=1,2,3$，记圆 Γ_i 为与线段 $XA_i, XB_i, \overset{\frown}{A_i B_i}$（不包含六边形其他顶点的弧）均相切的圆，记 r_i 为圆 Γ_i 的半径.

(1) 证明: $R \geq r_1 + r_2 + r_3$.

(2) 若 $R = r_1 + r_2 + r_3$，证明: 圆 Γ_i 与三条对角线 $A_1 B_2, A_2 B_3, A_3 B_1$ 的六个切点共圆.

证明 (1) 如图 4，记 l_1 为圆 Γ 的切线，且与直线 $A_2 B_3$ 平行，与圆 Γ_1 在直线 $A_2 B_3$ 同侧.

类似地，定义切线 l_2, l_3. 直线 l_1 与 l_2，l_2 与 l_3，l_3 与 l_1 分别交于点 C_3, C_1, C_2. 直线 $C_2 C_3$ 与射线 XA_1, XB_1 分别交于点 S_1, T_1；类似地，定义点 S_2, T_2 及 S_3, T_3. 记
$$\triangle_1 = \triangle XS_1 T_1, \triangle_2 = \triangle XS_2 T_2$$
$$\triangle_3 = \triangle XS_3 T_3, \triangle = \triangle C_1 C_2 C_3$$
则
$$\triangle_1 \backsim \triangle_2 \backsim \triangle_3 \backsim \triangle$$

记 $k_i, i=1,2,3$ 为 $\triangle_i$ 与 $\triangle$ 的相似比（如 $k_1 = \dfrac{XS_1}{C_1 C_2}$）.

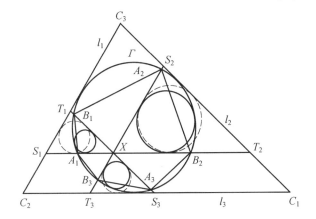

图 4

因为 $S_1 X = C_2 T_3$，$XT_2 = S_3 C_1$，所以
$$k_1 + k_2 + k_3 = 1$$
记 $\rho_i, i=1,2,3$ 为 $\triangle_i$ 的内切圆半径，则
$$\rho_1 + \rho_2 + \rho_3 = R$$
最后，注意到圆 Γ_i 在 $\triangle_i$ 的内部，故 $r_i \leqslant \rho_i$.

从而，$R \geqslant r_1 + r_2 + r_3$.

(2) 由(1)知 $R = r_1 + r_2 + r_3$，当且仅当对任意的 i，均有 $r_i = \rho_i$，即圆 Γ_i 为 $\triangle_i$ 的内切圆.

如图 5，记 K_i, L_i, M_i 分别为圆 Γ_i 与边 $XS_i, XT_i, S_i T_i$ 的切点.

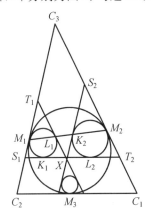

图 5

下面证明:点 $K_i, L_i, i=1,2,3$ 到点 X 的距离相等.

显然,$XK_i = XL_i$.

故只需证明 $XK_2 = XL_1, XK_3 = XL_2$.

由三角形相似得
$$\angle T_1 M_1 L_1 = \angle C_3 M_1 M_2, \angle S_2 M_2 K_2 = \angle C_3 M_2 M_1$$

因此,M_1, M_2, L_1, K_2 四点共线,故
$$\angle XK_2 L_1 = \angle C_3 M_1 M_2 = \angle C_3 M_2 M_1 = \angle XL_1 K_2$$

从而,$XK_2 = XL_1$.

类似地,$XK_3 = XL_2$.

综上,结论成立.

6 在一个由三维空间中的 n 个点组成的集合中,任意四点不在同一平面,将这个集合划分成两个子集 A, B. 一个 AB-树是指由 $n-1$ 条线段组成的,每条线段的一个端点在集合 A 中而另一个端点在集合 B 中的,且这些线段不构成圈的树. 一个 AB-树可以通过以下操作变成另一个:在这个 AB-树中选择三条线段 $A_1 B_1, B_1 A_2, A_2 B_2$,$A_1$ 在集合 A 中,满足
$$A_1 B_1 + A_2 B_2 > A_1 B_2 + A_2 B_1$$
且去掉线段 $A_1 B_1$,并用线段 $A_1 B_2$ 替换它. 给定任意一个 AB-树,证明:任意一种操作序列均会在有限次后结束(操作无法进行下去).

证明 记 S 为这 n 个点组成的集合,所考虑的图是一个关于集合 A, B 的二部图,且为一个树,在题目中的操作下始终保持这种性质.

对于一个树 $T = (A \cup B, E)$,记 $p_T(e)$ 表示在子图 $T - \{e\}$ 中包含 e 的在集合 A 的那个顶点处的连通分支中含有集合 A 中的点的个数,定义
$$f(T) = \sum_{e \in E} p_T(e) |e|$$
其中,$|e|$ 表示边 e 的长度.

令 T' 为从树 T 中选择三条线段 $A_1 B_1, B_1 A_2, A_2 B_2$ 得到的一个树,则
$$A_1, A_2 \in A, B_1, B_2 \in B$$
$$A_1 B_1 + A_2 B_2 > A_1 B_2 + A_2 B_1$$

于是
$$T' = T - A_1 B_1 + A_1 B_2$$

当 e 不为边 $A_1 B_1, A_2 B_1, A_2 B_2$ 时,有
$$p_T(e) = p_{T'}(e)$$

$$p_{T'}(A_1B_2) = p_T(A_1B_1)$$
$$p_{T'}(A_2B_1) = p_T(A_2B_1) + p_T(A_1B_1)$$
$$p_{T'}(A_2B_2) = p_T(A_2B_2) - p_T(A_1B_1)$$

故
$$f(T') - f(T)$$
$$= p_{T'}(A_1B_2)A_1B_2 + [p_{T'}(A_2B_1) - p_T(A_2B_1)]A_2B_1 +$$
$$[p_{T'}(A_2B_2) - p_T(A_2B_2)]A_2B_2 - p_T(A_1B_1)A_1B_1$$
$$= p_T(A_1B_1)(A_1B_2 + A_2B_1 - A_1B_1 - A_2B_2)$$
$$< 0$$

因此，f 在操作过程中严格单调递减.

而集合 S 上的树是有限的，故操作必定在有限步后终止.

第 9 届罗马尼亚大师杯数学竞赛试题及解答

(2017 年)

第 9 届罗马尼亚大师杯数学竞赛于 2017 年 2 月 22 日至 27 日在布加勒斯特举行. 受中国数学会奥林匹克委员会委派, 江苏省数学会组队代表中国参加了本届竞赛.

这次中国代表队的领队为南京师范大学的夏建国教授和南京大学的郭学军教授, 队员有 6 人, 分别是南京外国语学校的丁力煌、高轶寒、朱心一, 南京师范大学附属中学的邹汉文, 江苏省天一中学的张洗月和江苏省苏州中学的何家亮.

比赛结果为丁力煌 42 分, 获得金牌, 同时也是全场唯一的满分; 张洗月 29 分, 获得银牌; 何家亮 23 分, 获得铜牌; 高轶寒 23 分, 获得铜牌; 朱心一 20 分, 获得铜牌; 邹汉文 17 分, 获得鼓励奖. 中国队以总分 94 分(按照前三名成绩之和)排名第三, 韩国队排名第一, 英国队排名第二.

第 1 天

1 (1) 证明:每个正整数 n 都可以唯一地表示为以下形式
$$n = \sum_{j=1}^{2k+1} (-1)^{j-1} 2^{m_j}$$
其中 $k \geq 0$,且 $0 \leq m_1 < m_2 < \cdots < m_{2k+1}$ 是整数. 这里的 k 称为 n 的权.

(2) 令 $A = \{n \mid 1 \leq n \leq 2^{2017}, n \in \mathbf{N}, n$ 的权为偶数$\}$,$B = \{n \mid 1 \leq n \leq 2^{2017}, n \in \mathbf{N}, n$ 的权为奇数$\}$. 求 $|A| - |B|$.

证明 (1) 我们对整数 $M \geq 0$ 进行归纳,这里的 M 满足每个 $n \in [-2^M+1, 2^M]$ 可以唯一地写成
$$n = \sum_{j=1}^{l} (-1)^{j-1} 2^{m_j}$$
的形式,这里的 $l \geq 0$, $0 \leq m_1 < m_2 < \cdots < m_l \leq M$(如果 $l=0$,那么求和为 0);而且在这个表示中,如果 $n > 0$,那么 l 是奇数,如果 $n \leq 0$,那么 l 是偶数. 正数 $w(n) = [l/2]$ 称为 n 的权重.

存在性一旦得证,唯一性可从 $[-2^M+1, 2^M]$ 中的整数个数和这种表达形式所能表达的数目一样多(都是 2^{M+1}) 得证.

为了证明存在性,注意到 $M=0$ 的情形是显然的,所以我们假设 $M \geq 1$,令整数 $n \in [-2^M+1, 2^M]$.

如果 $n \in [-2^M+1, -2^{M-1}]$,那么 $n + 2^M \in [1, 2^{M-1}]$,所以由归纳假设
$$n + 2^M = \sum_{j=1}^{2k+1} (-1)^{j-1} 2^{m_j}$$
对某个整数 $k \geq 0$, $0 \leq m_1 < m_2 < \cdots < m_{2k+1} \leq M-1$ 成立,且
$$n = \sum_{j=1}^{2k+2} (-1)^{j-1} 2^{m_j}, m_{2k+2} = M$$

$n \in [-2^{M-1}+1, 2^{M-1}]$ 的情形包含在归纳假设里.

最后,若 $n \in [2^{M-1}+1, 2^M]$,则 $n - 2^M \in [-2^{M-1}+1, 0]$,所以由归纳假设
$$n - 2^M = \sum_{j=1}^{2k} (-1)^{j-1} 2^{m_j}$$
对某个整数 $k \geq 0$,以及

成立,且
$$n = \sum_{j=1}^{2k+1}(-1)^{j-1}2^{m_j}, m_{2k+1} = M$$

(2)第一种方法:假设 M 是非负整数.(1)中证明了 1 到 2^M 之间的偶(或者奇)权重的数的个数等于集合 $\{0,1,2,\cdots,M\}$ 的子集元素个数模 4 余 1(或者 3)的子集个数.这些数的差是

$$\sum_{k=0}^{[M/2]}(-1)^k\binom{m+1}{2k+1} = \frac{(1+i)^{M+1}-(1-i)^{M+1}}{2i}$$
$$= 2^{(M+1)/2}\sin\frac{(M+1)\pi}{4}$$

这里的 i 是虚数单位,因此所求的差是 $2^{1\,009}$.

第二种方法:对每个非负整数 M,令

$$A_M = \sum_{n=-2^M+1}^{0}(-1)^{w(n)}, B_M = \sum_{n=1}^{2^M}(-1)^{w(n)}$$

因此 B_M 就是从 1 到 2^M 范围内的偶权重的数的个数和奇权重的数的个数之差.

注意到
$$w(n) = \begin{cases} w(n+2^M)+1, & -2^M+1 \leqslant n \leqslant -2^{M-1} \\ w(n-2^M), & -2^{M-1}+1 \leqslant n \leqslant 2^M \end{cases}$$

可以得到
$$A_M = \sum_{n=-2^M+1}^{-2^{M-1}}(-1)^{w(n+2^M)} + \sum_{n=-2^{M-1}+1}^{0}(-1)^{w(n)} = -B_{M-1} + A_{M-1}$$
$$B_M = \sum_{n=1}^{2^{M-1}}(-1)^{w(n)} + \sum_{n=-2^M+1}^{2^M}(-1)^{w(n-2^M)} = B_{M-1} + A_{M-1}$$

重复这个过程,得到
$$B_M = A_{M-1} + B_{M-1} = (A_{M-2} - B_{M-2}) + (A_{M-2} + B_{M-2})$$
$$= 2A_{M-2} = 2A_{M-3} - 2B_{M-3}$$
$$= 2(A_{M-4} - B_{M-4}) - 2(A_{M-4} + B_{M-4})$$
$$= -4B_{M-4}$$

因此
$$B_{2\,017} = (-4)^{504}B_1 = 2^{1\,008}B_1$$

因为
$$B_1 = (-1)^{w(1)} + (-1)^{w(2)} = 2$$

所以
$$B_{2\,017} = 2^{1\,009}$$

> **2** 求所有满足下列条件的正整数 n:对任何一个次数不超过 n 且最高次项系数为 1 的整系数多项式 $P(x)$,存在一个正整数 $k \leqslant n$ 和 $k+1$ 个互不相同的整数 $x_1, x_2, \cdots, x_{k+1}$,使得 $P(x_1) + P(x_2) + \cdots + P(x_k) = P(x_{k+1})$.

解 这样的整数只有一个,$n = 2$.

在这种情况下,如果 P 是常值多项式,那么要求的条件显然是满足的. 如果 $P = X + c$,那么
$$P(c-1) + P(c+1) = P(3c)$$
如果
$$P = X^2 + qx + r$$
那么
$$P(X) = P(-X-q)$$

为了说明 n 不可能取其他的值,只要说明存在一个次数不超过 n 的整系数多项式 P,这个 P 限制在整数范围内是单射,而且对所有的整数 x 都有 $P(x) \equiv 1 \pmod{n}$. 因为如果这样的话,再由题目的要求可知 $k \equiv 1 \pmod{n}$. 但是 $1 \leqslant k \leqslant n$,所以 $k = 1$. 于是存在两个不同的整数 x_1, x_2,使得 $P(x_1) = P(x_2)$,与多项式 P 是单射矛盾.

如果 $n = 1$,令 $P = X$;如果 $n = 4$,令
$$P = X^4 + 7X^2 + 4X + 1$$

后一种情形,对所有的整数 x,都有 $P(x) \equiv 1 \pmod 4$. 而且由于
$$P(x) - P(y) = (x-y)[(x+y)(x^2+y^2+7) + 4]$$
所以多项式 P 是单射,因为 $(x+y)(x^2+y^2+7)$ 要么是 0,要么至少是 7.

假设以下 $n \geqslant 3, n \neq 4$,令
$$f_n = (X-1)(X-2)\cdots(X-n)$$
则 $f_n(x) \equiv 0 \pmod n$ 对所有的整数 x 成立. 如果 n 是奇数,那么 f_n 在整数范围内是递增的,如果 $n > 3$,那么 $f_n(x) \equiv 0 \pmod{n+1}$,因为
$$f_n(0) = -n! = -1 \cdot 2 \cdot \cdots \cdot \frac{n+1}{2} \cdot \cdots \cdot n \equiv 0 \pmod{n+1}$$

最后,如果 n 是奇数,令 $P = f_n + nX + 1$. 如果 n 是偶数,令
$$P = f_{n-1} + nX + 1$$

对任何一种情形,多项式 P 都是严格递增的,所以在整数范

围内 P 是单射，且 $P(x) \equiv 1 (\bmod n)$ 对所有整数 n 均成立．

> **3** 设 $n \geq 2$ 是整数，X 是一个 n 元集．X 的非空子集序列 $A_1, A_2, \cdots, A_k$ 称为是"紧密"的，如果 $A_1 \cup A_2 \cup \cdots \cup A_k$ 是 X 的真子集，且 X 中没有任何元素恰好在一个 A_i 中．设 $A_1, A_2, \cdots, A_k$ 是 X 的非空真子集序列，该序列及其任何子序列都不是"紧密"的，求 k 的最大值．
>
> **注** X 的子集 A 称为真子集，如果 $A \neq X$．集合序列中的集合都是互不相同的．

解 要求的最大值是 $2n-2$．

为了找出一个含 $2n-2$ 个元素的序列满足题目的要求，记 $X = \{1, 2, \cdots, n\}$，$B_k = \{1, 2, \cdots, k\}$，$k = 1, 2, \cdots, n-1$；$B_k = \{k-n+2, k-n+3, \cdots, n\}$，$k = n, n+1, \cdots, 2n-2$．为了说明 B_k 的子序列都不是紧密的，考虑子序列 $\mathcal{C}$，其并集 U 是 X 的真子集，假设 $m \in X \setminus U$，并且注意到 $\mathcal{C}$ 是 $B_1, \cdots, B_{m-1}, B_{m+n-1}, \cdots, B_{2n-2}$ 的子序列，这是因为其他的 B_i 都是恰好包含 m．如果 U 包含小于 m 的元素，假设 k 是其中最大的，注意到 B_k 是 $\mathcal{C}$ 中唯一的包含 k 的元素；如果 U 包含大于 m 的元素，假设 k 是其中最大的，注意到 B_{k+n-2} 是 $\mathcal{C}$ 中唯一的包含 k 的元素．因此 $\mathcal{C}$ 不是紧密的．

下面我们对 $n \geq 2$ 进行归纳证明．

如果 X 的非空真子集序列没有子序列是紧密的，其基数不超过 $2n-2$．$n=2$ 的情形是显然的．所以下面令 $n > 2$，假设（如果可能的话）$\mathcal{B}$ 是 X 的 $2n-1$ 个真子集的并，不包含紧密子序列．

首先注意到 $\mathcal{B}$ 中集合的交是空集：如果 $\mathcal{B}$ 中的集合有公共的元素 x，那么 $\mathcal{B}' = \{B \setminus \{x\} \mid B \in \mathcal{B}, B \neq \{x\}\}$ 是至少包含 $2n-2$ 个 $X \setminus \{x\}$ 的非空真子集的序列，而且不包含任何紧密的子序列．这和归纳假设矛盾．

现在，对任意的 $x \in X$，令 $\mathcal{B}_x$ 是由序列 $\mathcal{B}$ 的所有不包含 x 的成员所组成的子序列．因为 $\mathcal{B}$ 的子序列都不是紧密的，$\mathcal{B}_x$ 也不是紧密的，因为 $\mathcal{B}_x$ 的所有成员的并集不包含 x，所以某个 $x' \in X$ 只由 $\mathcal{B}_x$ 的一个成员包含．换句话说，$\mathcal{B}$ 中有唯一的一个集合包含某个 x'，但不包含 x．在这种情况下，从 x 到 x' 画一个箭头．因为从每个 $x \in X$ 出发至少有一个箭头，所以这些箭头可以形成圈，假设最小的圈是

$$x_1 \to x_2 \to \cdots \to x_k \to x_{k+1} = x_1$$

对某个整数 $k \geq 2$，令 A_i 是序列 $\mathcal{B}$ 的包含 x_{i+1} 却不包含 x_i 的唯一成员，令 $X' = \{x_1, x_2, \cdots, x_k\}$．

从序列 $\mathcal{B}$ 中去掉 $A_1, A_2, \cdots, A_k$ 得到序列 $\mathcal{B}'$，$\mathcal{B}'$ 的每个成员要

么包含 X',要么与 X' 不交. 因为如果 $\mathcal{B}'$ 的成员 B 包含 X' 的某些但非全部元素,那么 B 应该包含某个 x_{i+1} 但不是 x_i,且 $B=A_i$,矛盾. 这就排除了情形 $k=n$,否则 $\mathcal{B}=\{A_1,A_2,\cdots,A_k\}$,所以 $|\mathcal{B}|<2n-1$.

为了排除情形 $k<n$,考虑不在 X 中的元素 x^*,令
$$\mathcal{B}^*=\{B\mid B\in\mathcal{B}',B\cap X'=\varnothing\}\bigcup$$
$$\{(B\backslash X')\bigcup\{x^*\}\mid B\in\mathcal{B}',X'\subseteq B\}$$
这样,对 $\mathcal{B}'$ 的每个包含 X' 的成员,上式右边变成单点集 $\{x^*\}$. 注意到,$\mathcal{B}^*$ 是 $X^*=(X\backslash X')\bigcup\{x^*\}$ 的非空真子集形成的序列,没有子序列是紧密的. 由归纳假设
$$|\mathcal{B}'|=|\mathcal{B}^*|\leqslant 2|X^*|-2=2(n-k)$$
可得
$$|\mathcal{B}|\leqslant 2(n-k)+k=2n-k<2n-1$$
矛盾.

第 2 天

4 在平面直角坐标系中,假设 $\mathcal{G}_1,\mathcal{G}_2$ 分别是二次函数 $f_1(x)=p_1x^2+q_1x+r_1$, $f_2(x)=p_2x^2+q_2x+r_2$ 的图像,$p_1>0>p_2$,$\mathcal{G}_1,\mathcal{G}_2$ 交于不同的 A,B 两点. $\mathcal{G}_1,\mathcal{G}_2$ 在 A,B 两点处的四条切线形成一个具有内切圆的凸四边形. 求证:抛物线 $\mathcal{G}_1,\mathcal{G}_2$ 的对称轴重合.

证法 1 假设 A_i 和 B_i 分别是 $\mathcal{G}_i$ 在点 A 和点 B 处的切线,$C_i=A_i\cap B_i$. 因为 $f_1(x)$ 是凸的,$f_2(x)$ 是凹的,由四条切线组成的凸四边形恰好就是 AC_1BC_2.

引理:如果 CA 和 CB 是从点 C 到 $f(x)=px^2+qx+r$ 的图像 $\mathcal{G}$ 的切线,$A,B\in\mathcal{G},A\neq B$,那么点 C 的横坐标是 A 和 B 两点的横坐标的算术平均.

引理的证明:不妨设 C 是原点,则两条切线的方程分别是 $y=k_ax$ 和 $y=k_bx$. 下面,设切点 A 和 B 的横坐标 x_A 和 x_B 分别是方程 $f(x)=k_ax$ 和 $f(x)=k_bx$ 的重根. 由韦达定理,知 $x_A^2=r/p=x_B^2$,所以 $x_A=-x_B$,因为 $x_A=x_B$ 被 $A\neq B$ 排除了.

这个引理说明直线 C_1C_2 平行于 y 轴,而且点 A 和 B 到这条直线是等距的. 如图 1 所示,假设四边形 AC_1BC_2 的内心 O 不在

直线 C_1C_2 上. 不妨设 O 在 $\triangle AC_1C_2$ 内部,点 A' 是点 A 关于直线 C_1C_2 的反射点,则射线 C_iB 在 $\angle AC_iA'$ 内,所以点 B 在四边形 $AC_1A'C_2$ 内,因此点 A 和 B 到直线 C_1C_2 不是等距的,矛盾.

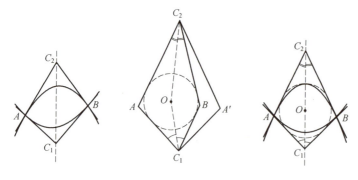

图 1

因此点 O 在直线 C_1C_2 上,直线 AC_i 和 BC_i 是关于直线 C_1C_2 的反射,$B=A'$. 因此 $y_A = y_B$,这是因为
$$f_i = y_A + p_i(x - x_A)(x - x_B)$$
直线 C_1C_2 是两条抛物线共同的对称轴.

解法 2 利用平面光滑曲线的切线的标准方程,推出抛物线方程为
$$y^2 = px^2 + qx + r, p \neq 0$$
该抛物线上两个不同的点 A,B 处的切线交于点 C,其坐标为
$$x_C = \frac{1}{2}(x_A + x_B), y_C = px_Ax_B + q \cdot \frac{1}{2}(x_A + x_B) + r$$
易知
$$CA = \frac{1}{2}|x_B - x_A|\sqrt{1 + (2px_A + q)^2}$$
$$CB = \frac{1}{2}|x_B - x_A|\sqrt{1 + (2px_B + q)^2}$$
经简单计算可知
$$CB - CA = \frac{2p(x_B - x_A)|x_B - x_A|[p(x_A + x_B) + q]}{\sqrt{1 + (2px_A + q)^2} + \sqrt{1 + (2px_B + q)^2}}$$
把题目中的条件写成
$$C_1B - C_1A = C_2B - C_2A$$
把上面的公式去掉公因子,可得
$$\frac{p_1[p_1(x_A + x_B) + q_1]}{\sqrt{1 + (2p_1x_A + q_1)^2} + \sqrt{1 + (2p_1x_B + q_1)^2}}$$
$$= \frac{p_2[p_2(x_A + x_B) + q_2]}{\sqrt{1 + (2p_2x_A + q_2)^2} + \sqrt{1 + (2p_2x_B + q_2)^2}}$$
下面利用 x_A, x_B 是二次方程
$$(p_1 - p_2)x^2 + (q_1 - q_2)x + r_1 - r_2 = 0$$

的根,可得
$$x_A + x_B = -\frac{q_1 - q_2}{p_1 - p_2}$$
$$\frac{p_1(p_1 q_2 - p_2 q_1)}{\sqrt{1+(2p_1 x_A + q_1)^2} + \sqrt{1+(2p_1 x_B + q_1)^2}}$$
$$= \frac{p_2(p_1 q_2 - p_2 q_1)}{\sqrt{1+(2p_2 x_A + q_2)^2} + \sqrt{1+(2p_2 x_B + q_2)^2}}$$

最后,因为 $p_1 p_2 < 0$,所以上面的分子都是正的,由最后一个等式可推出 $p_1 q_2 - p_2 q_1 = 0$,即 $q_1/p_1 = q_2/p_2$,于是两条抛物线有共同的轴.

> **❺** 给定整数 $n, n \geq 2$. 从一个由 n^2 个 1×1 的单位正方形拼成的 $n \times n$ 的大正方形中,挖去 n 个位于不同行和不同列的小正方形,得到的图形称为一个 $n \times n$"筛子". 由 k 个单位正方形拼成的 $1 \times k$ 或者 $k \times 1$ 的矩形都称为一个"棒",其中 k 是正整数. 对任意 $n \times n$"筛子"A,将其剖分为若干"棒"(即这些"棒"相互之间无重叠的小正方形,且恰好覆盖住"筛子"A),在"筛子"A 的所有可能的剖分中,其"棒"的数目的最小值记为 $m(A)$. 当"筛子"A 取遍所有 $n \times n$"筛子"时,求 $m(A)$ 的取值范围.

解 给定"筛子"A 之后,$m(A) = 2n - 2$. 首先这个值很容易取到,例如"棒"全部取横的或者全部取竖的即可. 只需要说明对每个"筛子"A 都有 $m(A) \geq 2n - 2$.

我们把挖去的小正方形称为"洞",这个"洞"的"十字"是指过这个"洞"的行和列的并.

假设"筛子"A 有个分解,只包含 $2n - 3$ 个"棒",或者更少的"棒". 水平的"棒",我们都标记为 h,竖直的"棒",我们都标记为 v,1×1 的"棒"既是水平的,又是竖直的,可以任意标记. A 的每一个小正方形都由它所在的"棒"唯一标记.

给每个"棒"分配一个十字,如果这个"棒"是水平的,就分配到这个"棒"所在的行的"洞"对应的十字;如果这个"棒"是竖直的,就分配这个"棒"所在的列的"洞"对应的十字. 由于最多只有 $2n - 3$ 个"棒",但是有 n 个十字,所以至少有两个十字最多只分配一个"棒". 假设这两个十字是 c, d,所在的"洞"是 $a = (x_a, y_a)$,$b = (x_b, y_b)$. 不妨设 $x_a < x_b, y_a < y_b$,则覆盖小正方形 (x_a, y_b),(x_b, y_a) 的"棒"有相同的标记,否则两个十字中的一个会分配至少两个"棒". 假设共同的标记是 v,则 c, d 中的每一个都包含一个覆盖两个小正方形之一的"棒". 因此 c(或者 d)的下(或者上)臂都标记为 h,两个十字的水平臂都标记为 v,如图 1 所示,a, b 之间的每一行,$y_a + 1, \cdots, y_b - 1$ 都包含一个"洞". 每一个这样的"洞"

的列都包含至少两个 v- 棒. 所有的其他列都包含至少一个 v- 棒. 特别地, 所有的在 a 下面的行和在 b 上面的行都包含至少一个 h- 棒. 这些"棒"加起来至少是

$$2(y_b - y_a - 1) + (n - y_b + y_a + 1) + (n - y_b) + (y_a - 1) = 2n - 2$$

个"棒", 引起了矛盾.

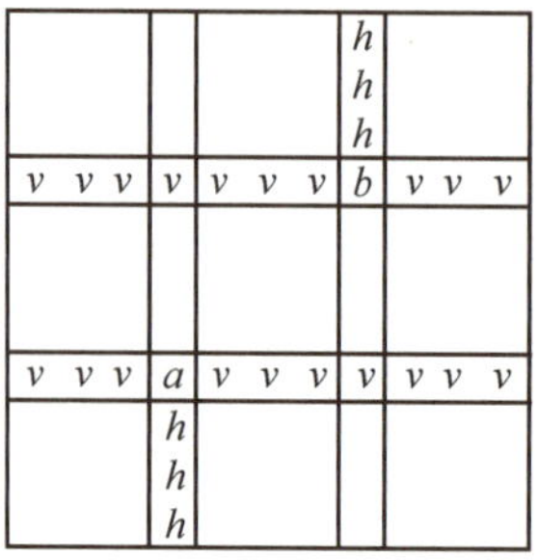

图 1

6 记 $ABCD$ 是一个凸四边形, P,Q,R,S 分别是线段 AB, BC,CD,DA 上的点. 假设相交的两条线段 PR 与 QS 把 $ABCD$ 分为 4 个对角线互相垂直的凸四边形. 求证: P,Q,R,S 四点共圆.

证明 我们证明一个更具一般性的引理.

引理: 令四边形 $PQRS$ 为一个凸四边形, 对角线交于点 O. 令 ω_1, ω_2 为直径分别是 PQ, RS 的圆, 记 l 为它们的根轴. 最后, 选四边形之外的点 A, B, C, 使得点 P (或者点 Q) 在 AB (或者 BC) 上, 且 $AO \perp PS, BO \perp PQ, CO \perp QR$, 则三条直线 AC, PQ, l 共点或者两两平行.

引理的证明: 如图 2 所示, 首先假设 PR, QS 是不垂直的. 令 H_1, H_2 分别是 $\triangle OSP, \triangle OQR$ 的垂心, 注意点 H_1, H_2 不相同.

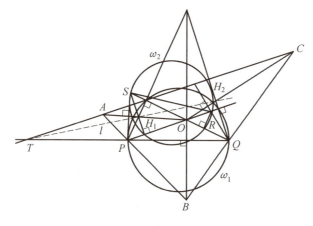

图 2

因为点 H_1 是位于直线 RS,SP,PQ 上的圆的等幂心,它也位于直线 l 上.类似地,点 H_2 位于 l 上,所以直线 H_1H_2 和 l 重合.

$\triangle APH_1$ 和 $\triangle CQH_2$ 的对应边交于点 O,B 和 $\triangle OPQ$ 的垂心.由迪沙格定理,三条直线 AC,PQ,l 共点或者两两平行.

$PR \perp QS$ 的情况可以看作一种极限情况,因为引理的构图允许任意小的扰动.引理得证.

现在回到原来的问题.如图 3 所示,设 PR,QS 交于点 O,直径分别是 PQ,RS 的圆为 ω_1,ω_2,记 l 为它们的根轴.由引理,知三条直线 AC,PQ,l 共点或平行.类似地,另外三条直线 AC,RS,l 也共点或者两两平行.

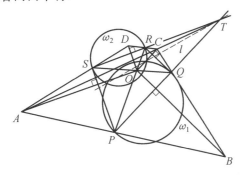

图 3

这显然是直线 PS,QR 不平行的情形(因为直线 l 交 OA,OC 于 $\triangle OSP,\triangle OQR$ 的垂心,这些垂心与点 A,C 不同).在这种情况下,记 T 为交点.如果 T 不是理想点,那么有 $TP \cdot TQ = TR \cdot TS$(因为 $T \in l$),所以四边形 $PQRS$ 是内接四边形.如果 T 是理想点(即四条直线是平行的),那么线段 PQ,RS 有相同的中垂线(即圆 ω_1,ω_2 的圆心连线),所以四边形 $PQRS$ 也是内接四边形.

如图 4 所示,假设直线 PS,QR 平行.由对称性,直线 PQ,RS 也可以假设为平行的,否则前面的论证换了记号以后仍然适用.在这种情况下,我们需要证明四边形 $PQRS$ 是一个矩形.

假设 $OP > OQ$.设过点 O 且平行于 PQ 的直线交 AB 于点 M,交 CB 于点 N.因为 $OP > OQ$,$\angle SPQ$ 是锐角,$\angle PQR$ 是钝角,所以 $\angle AOB$ 是钝角,$\angle BOC$ 是锐角,点 M 在线段 AB 上,点 N 在线段 BC 的 C 端的延长线上.因为 $\angle OMA$ 是钝角,所以 $OA > OM$.因为 $OM:ON = KP:KQ$,所以 $OM > ON$,这里点 K 是点 O 在 PQ 上的投影.因为 $\angle OCN$ 是钝角,于是 $ON > OC$.所以 $OA > OC$.

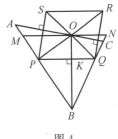

图 4

类似地,由 $OR > OS$ 可推出 $OC > OA$,矛盾.因此 $OP = OQ$,且四边形 $PQRS$ 是一个矩形,证毕.

第10届罗马尼亚大师杯数学竞赛试题及解答

(2018 年)

第 1 天

1 设四边形 $ABCD$ 是一个圆内接四边形,点 P 在边 AB 上,对角线 AC 与线段 DP 交于点 Q,过点 P 且平行于 CD 的直线与 CB 的延长线交于点 K,过点 Q 且平行于 BD 的直线与 CB 的延长线交于点 L. 证明:$\triangle BKP$ 的外接圆与 $\triangle CLQ$ 的外接圆相切.

分析 画一个比较标准的图(图1),可以发现切点在四边形 $ABCD$ 的外接圆上,再通过倒角,可以发现切点就是 DP 与外接圆的交点(或从图中看出). 由于此点在三个圆和一条直线上,进行适当的假设可以使证明变得更容易.

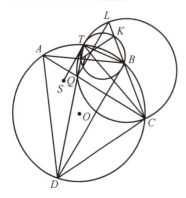

图 1

证明 延长线段 DP,与四边形 $ABCD$ 的外接圆交于点 T. 由 $\angle PTB = \angle DAB = \pi - \angle DCB = \angle PKB$,知点 T 在

△BKP 的外接圆上.

由 $\angle QTC=\angle DBC=\angle QLC$,知点 T 在 △CLQ 的外接圆上.

如图 1,过点 T 作 △BKP 的外接圆的切线 ST,则
$$\angle STQ=\angle STP=\angle TBP=\angle TDA=\angle TCQ$$
故直线 ST 也与 △CLQ 的外接圆相切,因此直线 ST 与这两圆切于同一点,故这两个圆也相切,证毕.

❷ 是否存在非常数的实系数多项式 $P(x)$ 与 $Q(x)$,使得
$$[P(x)]^{10}+[P(x)]^9=[Q(x)]^{21}+[Q(x)]^{20}$$
成立?

分析 这是一道询问是否成立的问题,首先需要猜测答案. 由于若存在 $P(x)$ 与 $Q(x)$,则 $P(x)$ 与 $Q(x)$ 的次数需分别为 $21k$ 与 $10k$(其中 k 是正整数),经过对简单情形的尝试,知不存在较为简单的构造,所以应优先考虑证明不存在. 等式两边的唯一性质是大多数根的重数较多,故可考虑利用求导进行证明.

证明 假设存在这样的 $P(x)$ 与 $Q(x)$,对条件式两边求导,得
$$[10P(x)+9]\cdot P'(x)\cdot [P(x)]^8$$
$$=[21Q(x)+20]\cdot Q'(x)\cdot [Q(x)]^{19}$$

对任意复数 a,若 $Q(a)=0$,则 $[P(a)]^{10}+[P(a)]^9=0$,因此 $P(a)=0$ 或 $P(a)=-1$,不论如何,均有 $10P(a)+9\neq 0$,这说明 $10P(x)+9$ 与 $Q(x)$ 无公共因式,因此
$$10P(x)+9\mid [21Q(x)+20]Q'(x)$$

由原式两边次数相等,可设 $\deg P(x)=21k$,$\deg Q(x)=10k$(其中 k 是正整数),则在上式中,除式的次数为 $21k$,被除式的次数为 $20k-1$,小于除式次数,矛盾!

因此假设不成立,即不存在这样的 $P(x)$ 与 $Q(x)$.

注 本题可以进行更精细的分析. 例如,若
$$10P(a)+9=21Q(a)+20=0$$
则
$$[P(a)]^{10}+[P(a)]^9=\left(-\frac{9}{10}\right)^9\times\frac{1}{10}\neq\left(-\frac{20}{21}\right)^{20}\times\frac{1}{21}$$
$$=[Q(a)]^{21}+[Q(a)]^{20}$$
矛盾!故 $10P(x)+9$ 与 $21Q(x)+20$ 也无公共因式,这样可以说明
$$10P(x)+9\mid Q'(x)$$

由此可以看出,本题中的 21 和 10 可以改成任意两个大于 1 的整数.

> **❸** 安和鲍勃在无限大的方格网上玩如下的游戏. 由安先开始，两人轮流将方格网的边（这里的"边"指成为单位正方形的边的线段）标注方向，已经被标注方向的边不可再次被标注. 若任意时刻，图中出现了一个有向圈，则鲍勃获胜. 请问：鲍勃是否有必胜策略？

分析 这又是一道询问是非的问题，粗看起来鲍勃似乎很容易获胜，但是尝试数次后会发现无限大的网格并非可以给鲍勃带来实际的利益，进而考虑鲍勃不存在必胜策略的情形. 若要证明鲍勃不存在必胜策略，则需考虑有向圈的特点，然后以安的角度去阻止有向圈的形成.

对于安的策略，比较简单的思路是配对，即将所有边两两配对，当鲍勃标记一对边的其中一条边时，安就标记另一条边. 按方格网方向建立直角坐标系，对于任意一个有向圈，其上应有横、纵坐标之和最大的顶点（定义为"边"的端点），此点与其左方、下方相邻的顶点的方向应当不同. 于是，安只需将任意一顶点与其左方、下方相邻顶点的两条连线配成一对，并且后手的方式使得这两条直线都指向（或都不指向）该点即可. 若原问题是鲍勃先开始，这已经是一个成功的策略，然而原问题是安先开始，这就需要安在配对时不能将自己第一步标注的线段进行配对，并且在鲍勃给未配对的边标注方向（称为走"闲着"）时，安也能对应地走"闲着"，此即需要"闲着"的数量为奇数条或者为无限条.

解 鲍勃没有必胜策略. 为了证明此结论，我们给出安的标记策略，使得在此策略下鲍勃永远无法获胜.

不妨设原问题的方格网就是由平面直角坐标系中所有形如 $x=k, y=k, k\in \mathbf{Z}$ 的直线构成的. 对任意满足 $x+y\geq 2$ 的整数点 (x,y)，将 $(x-1,y)$ 到 (x,y) 的边与 $(x,y-1)$ 到 (x,y) 的边配为一对；对任意满足 $x+y\leq -1$ 的整数点 (x,y)，将 $(x+1,y)$ 到 (x,y) 的边与 $(x,y+1)$ 到 (x,y) 的边配为一对.

安的策略如下：首先标记 $(0,0)$ 到 $(0,1)$ 的边（任意方向），然后每当鲍勃标记一对边中的一条时，安立即标记另一条，使得这一对的两条边同时指向公共顶点或同时不指向公共顶点. 若鲍勃标记了一条未配对的边（即两个顶点的横、纵坐标之和分别为 0 或 1 的边），则安也标记一条未配对的边（方向可以任意，由于这样的边有无穷多条，所以总可以做到）.

以下说明鲍勃无法连出一个有向圈. 对任意一个圈，考虑其所有顶点的横、纵坐标之和，设横、纵坐标之和最大的顶点之一为 $P(x_P, y_P)$，横、纵坐标之和最小的顶点之一为 $Q(x_Q, y_Q)$. 由于

$x_Q + y_Q \geq 0$ 与 $x_P + y_P \leq 1$ 不可能同时成立(否则此圈在 $0 \leq x + y \leq 1$ 的带状区域内,而此区域内无圈,矛盾!),所以 $x_Q + y_Q \leq -1, x_P + y_P \geq 2$.

若 $x_Q + y_Q \leq -1$,则由点 Q 的性质,知点 Q 应与 (x_Q+1, y_Q) 及 (x_Q, y_Q+1) 连边,由安的配对法则及操作方式,知点 Q 与 (x_Q+1, y_Q) 及 (x_Q, y_Q+1) 的连边若被标记方向,则必然同时由点 Q 出发或同时指向点 Q,故此圈无法形成有向圈.

若 $x_P + y_P \geq 2$,则由点 P 的性质,知点 P 应与 (x_P-1, y_P) 及 (x_P, y_P-1) 连边,由安的配对法则及操作方式,知点 P 与 (x_P-1, y_P) 及 (x_P, y_P-1) 的连边若被标记方向,则必然同时由点 P 出发或同时指向点 P,故此圈无法形成有向圈.

综上所述,安用这样的策略即可使鲍勃没有必胜策略,故答案是否定的.

注 只要注意到一个圈中必有最靠左上、左下、右上、右下的四个顶点,从而采取合适的配对策略,并留下无穷多个"闲着",都是可以防止鲍勃获胜的.这里我们再举两个例子,读者可以自行验证它们的正确性.

(1) 对任意 $x, y \in \mathbf{Z}, y \geq 1$,将 $(x-1, y)$ 到 (x, y) 的边与 $(x, y-1)$ 到 (x, y) 的边配为一对(也可以将 $(x+1, y)$ 到 (x, y) 的边与 $(x, y-1)$ 到 (x, y) 的边配为一对);对任意 $x, y \in \mathbf{Z}$, $y \leq -1$,将 $(x+1, y)$ 到 (x, y) 的边与 $(x, y+1)$ 到 (x, y) 的边配为一对(也可以将 $(x-1, y)$ 到 (x, y) 的边与 $(x, y+1)$ 到 (x, y) 的边配为一对),x 轴上的边为"闲着".

(2) 对于任意不在坐标轴上的整点 $P(x, y)$,设点 P 到两条坐标轴的垂线段上离点 P 最近的整点分别为点 Q, R,则将 PQ,PR 这两条边配为一对,坐标轴上的边为"闲着".

第 2 天

❹ 正整数 a, b, c, d 满足 $ad \neq bc$,且 $\gcd(a, b, c, d) = 1$. 设 S 是所有形如 $\gcd(an+b, cn+d)$(这里 n 是正整数)的数组成的集合. 证明: S 恰为某个正整数的所有正因子组成的集合.

思路 1 先求出 S 中的最大元素,再证明该元素的每一个正

因子都在集合 S 中即可. 由于可能要同时处理多个质因子的幂次, 所以使用中国剩余定理可以将问题锁定在一个质因子的幂次上.

证法 1 设 $\gcd(a,c)=r$, 在 $|ad-bc|$ 中除掉其与 r 不互质的所有质因子后得到的正整数是 s (即 s 是 $|ad-bc|$ 的正约数中, 与 r 互质的约数里最大的一个), 下证集合 S 为 s 的所有正约数构成的集合.

若 $m=\gcd(an+b,cn+d)$, 则由 $ad-bc=a(cn+d)-c(an+b)$, 知 $m\mid ad-bc$. 另外, 对任意 $p\mid r$, 由 $\gcd(a,b,c,d)=1$, 知 $p\nmid b$ 或 $p\nmid d$, 故 $p\nmid m$, 因此 $m\mid s$. 以下只需证明对任意 $m\mid s$, 均存在正整数 n, 使得
$$m=\gcd(an+b,cn+d)$$

设 $s=\prod_{i=1}^{t}p_i^{\alpha_i}, m=\prod_{i=1}^{t}p_i^{\beta_i}, 0\leqslant \beta_i \leqslant \alpha_i$. 以下对每个质因子进行分析.

对 $1\leqslant i\leqslant s$, 由 $p_i\nmid r$, 知 $p_i\nmid a$ 或 $p_i\nmid c$, 由对称性, 不妨设 $p_i\nmid a$, 则显然存在正整数 n_i, 使得 $p_i^{\beta_i}\mid an_i+b$, 但 $p_i^{\beta_i+1}\nmid an_i+b$. 考虑
$$cn_i+d=\frac{c(an_i+b)+(ad-bc)}{a}$$

其分子中的两个加项都是 $p_i^{\beta_i}$ 的倍数, 而分母不是 p_i 的倍数, 故 $p_i^{\beta_i}\mid cn_i+d$, 于是
$$p_i^{\beta_i}\mid \gcd(an_i+b,cn_i+d)$$
但
$$p_i^{\beta_i+1}\nmid \gcd(an_i+b,cn_i+d)$$

由中国剩余定理, 知存在正整数 n, 满足 $n\equiv n_i \pmod{p_i^{\beta_i+1}}$ 对 $i\in\{1,2,\cdots,t\}$ 均成立, 此时
$$an+b\equiv an_i+b \pmod{p_i^{\beta_i+1}}$$
$$cn+d\equiv cn_i+d \pmod{p_i^{\beta_i+1}}$$

结合上面的结论, 知 $p_i^{\beta_i}\mid \gcd(an+b,cn+d)$, 但 $p_i^{\beta_i+1}\nmid \gcd(an+b,cn+d)$ 对 $i\in\{1,2,\cdots,t\}$ 均成立, 故对任意 $i\in\{1,2,\cdots,t\}$, $\gcd(an+b,cn+d)$ 与 m 所含的 p_i 的幂次相同, 又因两者均只能有 $p_1,p_2,\cdots,p_t$ 作为质因子, 故 $\gcd(an+b,cn+d)=m$, 证毕.

思路 2 我们也可以不求出集合 S 中的最大元素, 而是通过间接证明的方式来证明所有元素满足题目条件, 为此我们需证明两点, 第一点是最大元素为其余元素的倍数, 第二点则是最大元素的任意一个因子都在集合 S 中.

证法 2 同证法 1, 可知集合 S 中所有元素均为 $|ad-bc|$ 的正约数. 我们先证明如下两条断言.

断言 1:若 $u,v \in S$,则集合 S 中有一个数是 u,v 的公倍数.

断言 1 的证明:取 u_0,v_0,满足 $u_0 \mid u, v_0 \mid v, \gcd(u_0,v_0)=1$, $u_0 v_0 = \mathrm{lcm}(u,v)$,这里 $\mathrm{lcm}(u,v)$ 表示 u,v 的最小公倍数(这样的 u_0,v_0 是一定存在的,只需对 u,v 的任一公共质因子 p,将 u,v 中含 p 的幂次较低的数的 p 的幂次全除掉即可).

设 $u = \gcd(an_1+b, cn_1+d)$, $v = \gcd(an_2+b, cn_2+d)$,由中国剩余定理,知存在正整数 n,满足 $n \equiv n_1 \pmod{u_0}$, $n \equiv n_2 \pmod{v_0}$,故由 $u_0 \mid \gcd(an_1+b, cn_1+d)$ 及 $n \equiv n_1 \pmod{u_0}$,知 $u_0 \mid \gcd(an+b, cn+d)$,同理 $v_0 \mid \gcd(an+b, cn+d)$,故 $\mathrm{lcm}(u,v) \mid \gcd(an+b, cn+d)$,即集合 S 中有一个数是 u,v 的公倍数,断言 1 得证.

断言 2:若 $u \in S$,质数 $p \mid u$,则 $\dfrac{u}{p} \in S$.

断言 2 的证明:设 $u = \gcd(an_0+b, cn_0+d)$,注意 p 不能同时整除 a,c,否则 p 也整除 b,d,与 $\gcd(a,b,c,d)=1$ 矛盾.由对称性,不妨设 $p \nmid a$.设 $v_p(u) = \delta$(即 $p^\delta \mid u, p^{\delta+1} \nmid u$),$v_p(|ad-bc|) = \theta$,则令

$$n = \left(\frac{ad-bc}{p^\theta}\right)^2 \cdot p^{\delta-1} + n_0$$

这样对于 $|ad-bc|$ 的除 p 以外的质因子 q,有

$$v_q(n-n_0) > v_q(|ad-bc|) \geq v_q(u)$$

故

$$v_q(\gcd(an+b, cn+d)) = v_q(u)$$

又

$$v_p[a(n-n_0)] = v_p(n-n_0) = \delta - 1$$

而

$$v_p(an_0+b) \geq \delta$$

故

$$v_p(an+b) = \delta - 1$$

结合

$$cn+d = c(n-n_0) + (cn_0+d)$$

是 $p^{\delta-1}$ 的倍数,知

$$v_p(\gcd(an+b, cn+d)) = \delta - 1$$

综上,$\gcd(an+b, cn+d)$ 与 u 相比,仅在 p 的幂次上少 1,其余质因子的幂次相同,故 $\gcd(an+b, cn+d) = \dfrac{u}{p}$,断言 2 成立.

回到原问题.由集合 S 中所有元素均为 $|ad-bc|$ 的正约数,知 S 中存在最大元素 s,对任意 $k \in S$,由断言 1 知集合 S 中存在 k,s 的公倍数,由 s 为最大元素知此公倍数只能是 s,故 k 是 s 的约数,即集合 S 中所有元素均为 s 的正因子.另外,由断言 2 及数

学归纳法易知 s 的所有正因子均在集合 S 中,因此集合 S 中所有元素恰为 s 的所有正因子,证毕.

注 证法 2 体现了数学证明中"仅证最弱结论"的思想和策略. 本题可以看作是 2016—2017 年乌克兰数学奥林匹克竞赛 10 年级第 4 题的推广,原题如下.

设 m 是一个大于 1 的整数, A,B 是两个无穷等差数列,已知可以从 A,B 中各取一项使得它们互质,也可以从 A,B 中各取一项使得它们的最大公约数为 m. 证明:对 m 的任意正约数 d,可以从 A,B 中各取一项使得它们的最大公约数为 d.

---

5 设 n 是一个正整数,在圆周上给定了 $2n$ 个两两不同的点,现在要在图中画出 n 个直箭头,并使得:

(1) 每个给定的点都是某个箭头的起点或终点.

(2) 任意两个箭头不相交.

(3) 不存在两个箭头 $\overrightarrow{AB}$ 和 $\overrightarrow{CD}$,使得 A,B,C,D 是圆周上按顺时针排列的四个点.

求满足上述条件的画箭头的方法数.

分析 对 $n=1,2,3$ 的简单情况进行计数后,可以猜测所求方法数为 C_{2n}^n. 在已知这个结果后,可能采取的路线就比较明确了.

解法 1 我们证明所求方法数为 C_{2n}^n,为此我们只需证明如下事实:若已知某 n 个点是箭头的起点,另 n 个点是箭头的终点,则箭头的画法是唯一的(因将 $2n$ 个点划分为 n 个起点和 n 个终点的方法数显然是 C_{2n}^n).

我们使用数学归纳法. 当 $n=1$ 时,上述事实显然成立. 若上述事实对 n 成立,考虑 $n+1$ 的情况. 从任一个被规定是终点的点开始,沿顺时针在圆周上行走,直到遇到第一个被规定是起点的点为止,设此点为 X,从点 X 出发沿逆时针方向行走,遇到的第一个点为 Y(点 Y 显然被标记为终点). 若 X,Y 不是同一个箭头的起点和终点,则设从点 X 出发的箭头的终点为 P,以 Y 为终点的箭头的起点是 Q,由(2)知 X,P,Q,Y 必为圆周上按顺时针方向排列的四个点,与(3)矛盾! 故必有箭头 $\overrightarrow{XY}$. 另外, $\overrightarrow{XY}$ 不可能与其他箭头相交,也不可能与其他箭头不满足条件(3),故可以将 X,Y 从圆周上去掉,变为 n 的情况.

由数学归纳法,知最初的断言成立,故所求方法数为 C_{2n}^n.

解法 2 设将圆周上的 $2n$ 个点连成 n 条两两不交的线段的方法数为 c_n,则显然有 $c_1=1, c_2=2$. 对于一般的 n,将这 $2n$ 个点按顺时针方向标记为 $A_1,A_2,\cdots,A_{2n}$,则 A_1 只能与一个角标为偶数的点相连（否则线段两边各有奇数个点，一定会有其他线段与此线段相交，矛盾）. 当 A_1 与 A_{2i} 相连时，线段两边分别有 $2(i-1)$ 和 $2(n-i)$ 个点，故连线方法数为 $c_{i-1}c_{n-i}$（规定 $c_0=1$），因此

$$c_n = \sum_{i=1}^{n} c_{i-1}c_{n-i}$$

令 $f(x) = \sum_{i=0}^{\infty} c_i x^i$，则

$$xf^2(x) = \sum_{n=1}^{\infty}\Big(\sum_{i=1}^{n} c_{i-1}c_{n-i}\Big)x^n = \sum_{n=1}^{\infty} c_n x^n = f(x)-1$$

故由求根公式解得 $f(x) = \dfrac{1\pm\sqrt{1-4x}}{2x}$. 令 $x \to 0$，知分子上的"$\pm$"取"$-$"，故

$$f(x) = \frac{1-(1-4x)^{\frac{1}{2}}}{2x} = -\frac{1}{2x}\Big[\sum_{n=0}^{\infty}(-4x)^n \cdot \mathrm{C}_{\frac{1}{2}}^n - 1\Big]$$

$$= \sum_{n=1}^{\infty}\Big[\mathrm{C}_{\frac{1}{2}}^n \cdot \frac{(-4)^n}{-2}\Big]x^{n-1}$$

$$= \sum_{n=1}^{\infty}\left[\frac{\dfrac{1}{2}\cdot\left(-\dfrac{1}{2}\right)\cdot\cdots\cdot\left(-\dfrac{2n-3}{2}\right)}{n!}\cdot\frac{(-4)^n}{-2}\right]x^{n-1}$$

$$= \sum_{n=1}^{\infty}\Big[\frac{(2n-3)!!\cdot 2^{n-1}}{n!}\Big]x^{n-1}$$

$$= \sum_{n=1}^{\infty} \frac{1}{n}\mathrm{C}_{2(n-1)}^{n-1} x^{n-1}$$

$$= \sum_{n=0}^{\infty} \frac{1}{n+1}\mathrm{C}_{2n}^n x^n$$

即 c_n 为卡塔兰 (Catalan) 数 $\dfrac{1}{n+1}\mathrm{C}_{2n}^n$.

下面我们证明，为这些连线指定箭头方向，且满足 (3) 的方法数恰为 $n+1$.

为此我们使用数学归纳法. 当 $n=1$ 时，结论显然. 若结论对 n 成立，考虑 $n+1$ 的情况. 我们先证明，必有两个在圆周上相邻的点 A，B 之间连了线，为此我们考虑每条线段两侧的点数，并设线段 AB 的某一侧有最多的点，则 AB 的另一侧必然没有点，否则在另一侧任取一条线段 CD，与点 A，B 在 CD 同一侧的点数比刚刚 AB 同侧的点数更多，矛盾！因此点 A，B 在圆周上相邻.

不妨设顺时针从点 A 到点 B 的弧上没有其他点. 若线段 AB 的方向是 $\overrightarrow{BA}$，则与解法 1 类似，可知 $\overrightarrow{BA}$ 不可能与其他箭头不满足 (3)，故可以将 A，B 两点从圆周上去掉，此时由归纳假设，知其余线段有 $n+1$ 种标记箭头方向的方式；若线段 AB 的方向是 $\overrightarrow{AB}$，则从点 B 出发在圆上沿顺时针方向将剩余点依次标记为 A_1，A_2，$\cdots$，A_{2n}. 若有箭头 $\overrightarrow{A_iA_j}$，$1\leqslant i<j\leqslant 2n$，则 A，B，A_i，A_j 为顺

时针方向排列的四个点,与(3)不符,故所有剩余箭头均需从角标较大的点引向角标较小的点. 另外,这个画箭头的方式是满足题意的,因为对任意 $\overrightarrow{A_jA_i}$ 和 $\overrightarrow{A_lA_k}$,由 $j>i,l>k$,知 A_j,A_i,A_l,A_k 不可能是按顺时针方向排列的四个点,故此时有 1 种标记箭头的方式. 综上,共有 $n+2$ 种标记箭头的方式,因此结论对 $n+1$ 也成立.

综上所述,连线的方式有 $\dfrac{1}{n+1}C_{2n}^2$ 种,指定箭头的方式有 $n+1$ 种,故满足题目要求的画箭头的方式有 $\dfrac{1}{n+1}C_{2n}^2 \cdot (n+1) = C_{2n}^2$ 种.

注 卡塔兰数的递推公式,甚至是连成不交线段的方法数是卡塔兰数,这些对部分考生是熟知的,因此解法 2 并不像想象中的那么难以想到. 本题的解法 1 与 2017 年美国数学奥林匹克竞赛第 4 题有些关系,若把那道题中的红色点作为起点,蓝色点作为终点,则唯一符合要求的连法即为先连出 $\overrightarrow{R_iB_i}, i \in \{1,\cdots,n\}$,再通过调整,将相交的箭头调成不交的,最后得到 n 个互相不交的箭头.

> **6** 给定一个圆 Γ,与 Γ 相切的直线 l,以及另一个与 l 相离的圆 Ω,Ω 与 Γ 在 l 的两侧. 设 X 是 Ω 上的一个动点,过 X 作圆 Γ 的两条切线,分别与直线 l 交于点 Y,Z.
> 证明:当动点 X 变化时,$\triangle XYZ$ 的外接圆与两个定圆相切.

分析 要证明一个动圆与两个定圆相切颇为不易,尤其是画图时会发现 $\triangle XYZ$ 的外接圆的半径不是常数,故两个定圆也不会是同心圆,不好定位. 通过观察,可发现圆 Γ 是 $\triangle XYZ$ 的一个旁切圆,故若以圆 Γ 的圆心为反演中心,半径为反演半径进行反演,则 $\triangle XYZ$ 的外接圆会变成以其三边所在直线在圆 Γ 上的三个切点为顶点的三角形的九点圆. 由于该三角形的外接圆正是圆 Γ,所以其九点圆的半径等于圆 Γ 的半径的一半. 在半径为常数的情况下,若一个动圆还想与两个定圆相切,则其圆心的轨迹必为一个圆,后面的推理也就顺理成章了.

证明 如图 2,设圆 Γ 的圆心为 O,半径为 R,l 与圆 Γ 的切点为 A,直线 XY,XZ 与圆 Γ 的切点分别为 B,C,设 D,E,F 分别为 BC,CA,AB 的中点,H 为 $\triangle ABC$ 的垂心,V 为 OH 的中点(即 $\triangle ABC$ 的九点圆的圆心).

以点 O 为反演中心,R 为反演半径进行反演,则点 X,Y,Z 的

反演点分别为点 D,F,E，这说明 $\triangle XYZ$ 的外接圆的反形是 $\triangle DEF$ 的外接圆，即 $\triangle ABC$ 的九点圆.

由于
$$\overrightarrow{OV} = \frac{1}{2}\overrightarrow{OH} = \frac{1}{2}(\overrightarrow{OA}+\overrightarrow{OB}+\overrightarrow{OC}) = \overrightarrow{OD}+\frac{1}{2}\overrightarrow{OA}$$
且 $\overrightarrow{OA}$ 是常向量，加上点 D 是点 X 的反演点，轨迹是一个圆（记为圆 ω），故点 V 的轨迹是一个圆.

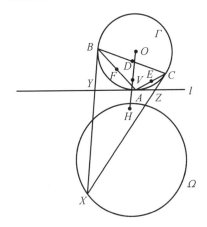

图 2

设点 V 的轨迹是以点 M 为圆心，r 为半径的圆，由于 $\triangle ABC$ 的九点圆半径为 $\frac{R}{2}$，故此圆的必与以点 M 为圆心，以 $\frac{R}{2}+r$ 和 $\left|\frac{R}{2}-r\right|$ 为半径的两个圆（记为圆 ω_1，圆 ω_2）相切.

由反演变换的性质，知 $\triangle XYZ$ 的外接圆与圆 ω_1,ω_2 的反形相切，因此只需证明圆 ω_1,ω_2 是非退化的圆，且均不过点 O 即可.

由于直线 l 的反形是以 OA 为直径的圆，故点 D 一定在以 OA 为直径的圆内，因此圆 ω 的半径小于 $\frac{R}{2}$，这说明 $r < \frac{R}{2}$，即圆 ω_1,ω_2 是非退化的圆.

由于 $\overrightarrow{OV} = \overrightarrow{OD}+\frac{1}{2}\overrightarrow{OA}$，故点 V 是点 D 平移 $\frac{1}{2}\overrightarrow{OA}$ 后得到的点，因此 $|OV| > \frac{R}{2}$，由点 V 的任意性，知 $|OM| > r+\frac{R}{2}$，因此点 O 在圆 ω_1,ω_2 的外部，即圆 ω_1,ω_2 均不过点 O，证毕.

第 11 届罗马尼亚大师杯数学竞赛试题及解答

（2019 年）

第 11 届罗马尼亚大师杯数学竞赛于 2019 年 2 月 20 日至 25 日在布加勒斯特举行，它是由罗马尼亚数学会主办，由 The National College "Tudor Vianu" 承办的一次国际邀请赛，在 IMO 上成绩突出的中国、俄罗斯、美国与罗马尼亚周边的一些欧洲国家受邀参加，参赛队伍共 19 支.

受中国数学会普及工作委员会及数学奥林匹克委员会委派，上海市组队代表中国参加了本届罗马尼亚大师杯数学竞赛. 领队瞿振华（华东师范大学），副领队王广廷（上海中学），6 名队员是杨铮、李逸凡、赵文浩、葛程（上海中学），金及凯（华东师范大学第二附属中学），傅增（复旦大学附属中学）.

中国队获得四枚银牌和一枚铜牌. 按照每一队赛前确定的四名正式队员得分中的三个最高分之和排列各队名次，中国队获得团体第 6 名. 下面是本次比赛的试题和解答.

第 1 天

1 甲乙两人玩如下的游戏:甲先在黑板上写一个正整数,接着甲乙两人轮流操作,乙先操作.每次轮到乙操作,乙选择一个正整数 b,将黑板上的数 n 替换为 $n-b^2$.每次轮到甲操作,甲选择一个正整数 k,将黑板上的数 n 替换为 n^k.若黑板上出现了数 0,则乙获胜.问甲是否可以阻止乙获胜?

解法 1 (葛程)甲不能阻止乙获胜,不论甲一开始在黑板上写什么数,乙总有取胜的策略.

对正整数 n,可唯一地表示为 $n=xy^2$,其中 x,y 是正整数,且 x 不含平方因子.记 $f(n)=x$,称为 n 的无平方因子核.轮到乙操作,若黑板上的数 n 是完全平方数,则乙可以选择 b,使得 $n-b^2=0$,此时乙获胜.若 n 不是完全平方数,设 $n=xy^2$,其中 x 不含平方因子,乙取 $b=y$,则 $n-b^2=(x-1)y^2$,此时
$$f(n-b^2)=f(x-1)<x$$
即乙可以使得黑板上的数的无平方因子核减小.

轮到甲操作时,甲无法使得黑板上的数的无平方因子核变大.事实上,若甲取奇数 k,则 $f(n^k)=f(n)$.若甲取偶数 k,则
$$f(n^k)=1\leqslant f(n)$$
故乙采用上述策略时,总能使得黑板上出现完全平方数,继而下次乙的操作可使得黑板上的数变为 0.

解法 2 (李逸凡)乙总能获胜.假设甲一开始写了数 n,若某次甲选了偶数 k,则黑板上的数变为平方数,乙下一轮就能取胜.故我们假设甲每一轮都取奇数 k,由四平方和定理,可写
$$n=a^2+b^2+c^2+d^2$$
其中 $a\geqslant b\geqslant c\geqslant d$ 是非负整数.乙将 n 改为
$$n-a^2=b^2+c^2+d^2=n_1$$

若 $b=0$,则黑板上的数是 0,乙获胜.假设 $b\neq 0$,甲选了一个奇数 k,则黑板上的数变为
$$n_1^k=b^2n_1^{k-1}+c^2n_1^{k-1}+d^2n_1^{k-1}$$
可表示为三个非负整数的平方和.接着乙将其减去 $b^2n_1^{k-1}$,黑板上的数变为
$$n_1=c^2n_1^{k-1}+d^2n_1^{k-1}=C^2+D^2$$
可表示为两个非负整数的平方和,其中 $C=cn_1^{\frac{k-1}{2}},D=dn_1^{\frac{k-1}{2}},C\geqslant$

D. 若 $C=0$, 则乙获胜. 若 $C>0$, 设甲又选取了一个奇数 l, 黑板上的数变为
$$n_2^l = C^2 n_2^{l-1} + D^2 n_2^{l-1}$$
仍为两个非负整数的平方和, 此时乙将黑板上的数减去 $C^2 n^{l-1}$ 后, 得到一个平方数(或 0). 甲的下一次操作留下的数还是平方数(或 0), 乙再下次操作一定获胜.

综上, 乙可以在四次操作之内获胜.

❷ 如图 1, 在等腰梯形 $ABCD$ 中, AB 平行于 DC. 点 E 是 AC 的中点. 圆 Γ 和 Ω 分别是 $\triangle ABE$ 和 $\triangle CDE$ 的外接圆. 圆 Γ 在点 A 处的切线与圆 Ω 在点 D 处的切线相交于点 P. 证明: PE 与圆 Ω 相切.

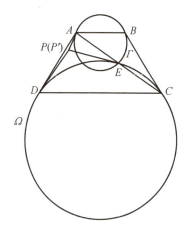

图 1

证法 1 (赵文浩) 如图 2 所示.

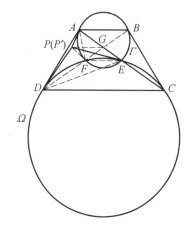

图 2

设 BD 的中点为 F, AC 与 BD 的交点为 G. 由于图形关于 AB

的中垂线对称,故 Γ,Ω 均过点 F. 设圆 AGF 与圆 DEG 的另一个交点为 P'. 由
$$\angle P'AG = \angle P'FD$$
$$\angle P'DF = \angle P'EG = \angle P'EA$$
以及 $DF = AE$,可得 $\triangle P'FD$ 与 $\triangle P'AE$ 全等,于是 $P'A = P'F$, $P'D = P'E$. 从而 GP' 平分 $\angle AGF$,故
$$\angle P'AF = \angle P'GF = \frac{1}{2}\angle AGF = \angle ABF$$
即 $P'A$ 与 Γ 相切. 类似地可证 $P'D$ 与圆 Ω 相切,故 $P = P'$. 而 $PD = PE$,因此 PE 是圆 Ω 的另一条切线.

证法 2 (杨铮) 设 BD 的中点为 F,AC 与 BD 的交点为 G. 由于图形关于 AB 的中垂线对称,故 Γ,Ω 两圆均过点 F. 设 AF,DE 的中点分别为 G,H.

如图 3 所示.

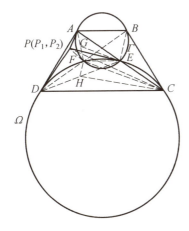

图 3

设圆 Γ 在 A,F 两点处的切线分别为 l_1,l_2,相交于点 P_1,则熟知 P_1E 是 $\triangle AEF$ 的共轭中线,即 EP_1 与 EG 关于 $\angle AEF$ 的内角平分线对称. 结合 $EG \parallel CF$,可知
$$\angle P_1EF = \angle AEG = \angle ACF$$
故 P_1E 与圆 Ω 相切.

类似地,设圆 Ω 在 D,E 两点处的切线分别为 l_3,l_4,相交于点 P_2,则 P_2F 是 $\triangle DFE$ 的共轭中线,即 FP_2 与 FH 关于 $\angle DFE$ 的内角平分线对称. 结合 $FH \parallel BE$,可知
$$\angle P_2FE = \angle HFB = 180° - \angle FBE$$
故 P_2F 与圆 Γ 相切.

我们证明了直线 l_1,l_2,l_4 共点于 P_1,直线 l_3,l_4,l_2 共点于 P_2,因此 l_1,l_2,l_3,l_4 四线共点,而 P 是 l_1 与 l_3 的交点,故 $P = P_1 = P_2$,且 PE 与圆 Ω 相切.

> **3** 给定正实数 ε. 证明:除有限个正整数 n,每个具有 n 个顶点及至少 $(1+\varepsilon)n$ 条边的简单图都含有两个不同的简单圈,它们具有相同长度.
>
> (一个简单图由一个顶点集合 V 和一个边集合 E 构成,其中 E 的每个元素都是 V 的一个二元子集. 一个长度为 k 的简单圈是 E 的一个 k 元子集 C,其中 $k \geqslant 3$,使得存在由 k 个不同的顶点构成的序列 $v_1, v_2, \cdots, v_k$,满足对每个 $1 \leqslant i < k$,$\{v_i, v_{i+1}\}$ 属于 C,且 $\{v_k, v_1\}$ 属于 C.)

证明 假设存在一个具有 n 个顶点及至少 $(1+\varepsilon)n$ 条边的简单图 G,G 的所有简单圈都具有不同的长度,我们证明这样的 n 有一个上界,从而对所有充分大的 n,题中结论均成立.

设 G 共有 x 个简单圈. 由于简单圈的长度不小于 3 且不大于 n,且 G 的简单圈都具有不同长度,故 $x \leqslant n-2$.

另外,在 G 的每个连通分支上取一个生成树,这些生成树合在一起构成 G 的一个生成森林 F. 设 F 中的边构成集合 E_1,令 $E \backslash E_1 = E_2$.

易知 $|E_1| \leqslant n-1$,故 $|E_2| \geqslant \varepsilon n + 1$.

对每条边 $e \in E_2$,在森林 F 上添加边 e 后,得到的图有唯一的简单圈,这个简单圈记为 C_e. C_e 在 E_1 中有 $|C_e|-1$ 条边,因此在重复计算下,所有 C_e 共包含 E_1 中 $\sum_{e \in E_2}(|C_e|-1)$ 条边. 又由 G 的假设,对不同的 e,C_e 的长度互不相同,故

$$\sum_{e \in E_2}(|C_e|-1) \geqslant 2+3+\cdots+(|E_2|+1)$$

$$= \frac{1}{2}(|E_2|+1)(|E_2|+2)-1$$

$$\geqslant \frac{1}{2}(\varepsilon n+2)(\varepsilon n+3)-1$$

$$\geqslant \frac{1}{2}\varepsilon^2 n^2$$

由平均值原理,知存在 $f \in E_1$,至少出现在 $\frac{1}{|E_1|} \cdot \frac{1}{2}\varepsilon^2 n^2 \geqslant \frac{1}{2}\varepsilon^2 n$ 个 C_e 上.

设 $e_1, e_2, \cdots, e_s$ 是 E_2 中的不同边,$s \geqslant \frac{1}{2}\varepsilon^2 n$,使得 $f \in C_{e_i}$,$1 \leqslant i \leqslant s$.

对 $1 \leqslant i < j \leqslant s$,考虑圈 C_{e_i}, C_{e_j},它们有公共边 f,在这两个圈的并集中,存在一个简单圈 $C \subset (C_{e_i} \cup C_{e_j})$,$C$ 不含 f. 事实上,

C 是唯一的,因为 $F+e_i+e_j-f$ 中恰有一个简单圈,删去这个圈上的任意一条边后,又成为一个生成森林.将这个 C 记为 $C(e_i, e_j)$.显然 $e_i, e_j \in C(e_i, e_j)$,故对不同的 $1 \leqslant i < j \leqslant s$,$C(e_i, e_j)$ 互不相同,且不同于 C_{e_i},故

$$x \geqslant C_s^2 + s \geqslant \frac{1}{2}s^2 \geqslant \frac{1}{8}\varepsilon^4 n^2$$

结合 $x \leqslant n-2 < n$,可知 $n < \dfrac{8}{\varepsilon^4}$.故对 $n \geqslant \dfrac{8}{\varepsilon^4}$,题中结论成立.

第 2 天

4 证明:对任意正整数 n,均存在一个(未必凸的)多边形,其任意三个顶点不共线,且恰有 n 种方式作三角剖分.(多边形的三角剖分是指用一些在内部互不相交的多边形内部对角线将这个多边形分割为三角形.)

证明 (傅增)三角形恰有一种三角剖分.下面假设 $n \geqslant 2$.作多边形

$$P = A_1 A_2 \cdots A_n BC$$

其中

$$A_i = (i, i^2), i = 1, 2, \cdots, n$$
$$B = (n, -M), C = (1, -M)$$

其中,$M > 0$ 足够大,使得 BA_1 与 CA_n 均为内部对角线.对多边形 P 作三角剖分,有唯一一个三角形以 BC 为边,故选取某个 A_i,$1 \leqslant i \leqslant n$ 作 $\triangle BCA_i$.对剩下两个多边形($i=1$ 或 $i=n$ 时,只剩下一个多边形)$CA_1 \cdots A_i$ 和 $BA_i \cdots A_n$ 继续作三角剖分都只有唯一的方法,因为内部对角线只有 $CA_2, \cdots, CA_{i-1}$ 和 $BA_{i+1}, \cdots, BA_{n-1}$,将这些对角线全部连出后,我们得到了多边形 P 的三角剖分.故多边形 P 恰有 n 种三角剖分.

5 确定所有函数 $f: \mathbf{R} \to \mathbf{R}$,满足对任意实数 x, y,都有
$$f[x + yf(x)] + f(xy) = f(x) + f(2019y)$$

解 (金及凯)将题中条件记为 $P(x, y)$.由 $P(2019, y)$

可得
$$f[2\,019 + f(2\,019)y] = f(2\,019) \quad ①$$

若 $f(2\,019) \neq 0$，则当 y 取遍所有实数时，$2\,019 + f(2\,019)y$ 也取遍所有实数，故由式 ① 知，f 为常值函数.

以下假设 $f(2\,019) = 0$，且 f 不是常值函数. 由 $P(x,1)$ 可得
$$f[x + f(x)] = 0 \quad ②$$

情形 1：仅当 $x = 2\,019$ 时，$f(x) = 0$. 由式 ②，可知 $x + f(x) = 2\,019$，此时
$$f(x) = 2\,019 - x$$

情形 2：存在 $x_0 \neq 2\,019$，使得 $f(x_0) = 0$. 由 $P(x_0, y)$ 可得
$$f(x_0 y) = f(2\,019 y) \quad ③$$

在式 ③ 中用 $\dfrac{x}{2\,019}$ 替换 y，得
$$f(x) = f(kx) \quad ④$$

这里 $k = \dfrac{x_0}{2\,019} \neq 1$. 由 $P(kx, y)$ 以及式 ④ 可得
$$f[kx + yf(x)] + f(xy) = f(x) + f(2\,019 y)$$

与 $P(x, y)$ 比较，可知
$$f[kx + yf(x)] = f[x + yf(x)] \quad ⑤$$

设 u, v 是任意实数，考虑方程组
$$\begin{cases} kx + yf(x) = u \\ x + yf(x) = v \end{cases} \quad ⑥$$

当 $f\left(\dfrac{u-v}{k-1}\right) \neq 0$ 时，可解得 $x = \dfrac{u-v}{k-1}$ 以及 y，从而由式 ⑥ 得
$$f(u) = f(v)$$

由于 f 不是常数，故存在一个实数 a，使得 $f\left(\dfrac{a}{k-1}\right) \neq 0$. 若这样的 a 只有 $a = 0$，则当 $x \neq 0$ 时，均有 $f(x) = 0$，而 $f(0) \neq 0$. 下面考虑有 $a \neq 0$，使得 $f\left(\dfrac{a}{k-1}\right) \neq 0$，那么当 $u - v = a$ 时，$f(u) = f(v)$，即 f 以 a 为周期
$$f(x + a) = f(x)$$

由 $P(x+a, y)$ 并利用 f 的周期性，可得
$$f[x + yf(x)] + f[(x+a)y] = f(x) + f(2\,019 y)$$

与 $P(x, y)$ 比较，可知
$$f[(x+a)y] = f(xy) \quad ⑦$$

对任意 $u, v \in \mathbf{R}, u \neq v$，在式 ⑦ 中令
$$y = \frac{u-v}{a}, x = \frac{av}{u-v}$$

可得 $f(u) = f(v)$，从而 f 是常值函数，而我们假设 f 不是常值函

数,故这一情形不成立,即只有 $f(0) \neq 0$.

综上所述,满足条件的函数有以下三类
$$f(x) = c(常值)$$
$$f(x) = 2\,019 - x$$

以及
$$f(x) = \begin{cases} 0, x \neq 0 \\ c \neq 0, x = 0 \end{cases}$$

容易验证,上述三类函数满足要求.

6 求所有整数对 (c,d),c,d 均大于1,且具有下述性质:对任意一个 d 次首一整系数多项式 Q,以及任意一个素数 $p > c(2c+1)$,均存在一个元素个数不超过 $\left(\dfrac{2c-1}{2c+1}\right)p$ 的整数集合 S,使得集合
$$\bigcup_{s \in S} \{s, Q(s), Q[Q(s)], Q\{Q[Q(s)]\}, \cdots\}$$
含有模 p 的完全剩余系.

解 (李逸凡)(c,d) 满足要求当且仅当 $d \leqslant c$.

对多项式 Q 以及素数 p,构造有向图 $G = G(Q, p)$,其顶点集为
$$V = \{0, 1, \cdots, p-1\}$$
对 $i, j \in V$(可以 $i = j$),当且仅当 $Q(i) \equiv j \pmod{p}$ 时引入一条有向边 $i \to j$. 不妨假设 $S \subset V$,S 满足题中结论当且仅当对每个 $t \in V$,存在 $s \in S$,使得在 G 中有从 s 到 t 的有向路(或 $s = t$).

这个图具有这样一些性质:每个顶点处恰有一条出边. 由拉格朗日(Lagrange)定理,知 d 次同余方程 $Q(x) \equiv a \pmod{p}$ 至多只有 d 个解,故每个顶点处至多有 d 条入边. 考虑一个弱连通分支(即不考虑边的方向的无向图中的连通分支),在这个连通分支上由于每个顶点恰一条出边,故恰有一个有向圈 C,每个 C 之外的顶点都有唯一的有向路径到达 C 上的顶点.

如果一个弱连通分支仅是一个圈,那么在这个圈上至少取一个顶点,其余顶点都可由这个顶点沿有向路径到达. 如果一个弱连通分支上除有向圈外还有其他顶点,那么必须也仅需取其中所有入度为 0 的那些顶点,其余顶点也都可由这些顶点出发经过有向路径到达. 设有向图 G 中有 k 个弱连通分支为有向圈,另有 l 个入度为 0 的顶点,那么可选取(也至少需要选取)$k + l$ 个顶点构成集合 S,使得满足要件.

若 $d \geqslant c+1$,取大素数 $p \equiv 1 \pmod{d}$,以及多项式 $Q(X) =$

X^d. 由于 X^d 模 p 恰有 $1+\dfrac{p-1}{d}$ 个不同值,其中顶点 0 处是环边且是单独的一个弱连通分支,故 $k \geqslant 1, l = \dfrac{d-1}{d}(p-1)$, 此时

$$|S| \geqslant k+l \geqslant 1+\dfrac{d-1}{d}(p-1) \geqslant 1+\dfrac{c}{c+1}(p-1)$$
$$> \left(\dfrac{2c-1}{2c+1}\right)p$$

故 $d \geqslant c+1$, 不满足要求.

若 $2 \leqslant d \leqslant c$, 设有向图 G 中有 k_i 个弱连通分支恰是长度为 i 的有向圈, $i=1,2,\cdots,n$, 另外还有不是单个有向圈的弱连通分支 $G_1, G_2, \cdots, G_m$, 分别有 n_i 个顶点和 v_i 个无入边的顶点, $1 \leqslant i \leqslant m$. 由于 $Q(X) \equiv X \pmod{p}$ 至多只有 d 个解,故 $k_1 \leqslant d$. 每个 G_i, 由于在 $n_i - v_i$ 个有入边的顶点处入度总和为 v_i, 而每个顶点处至多有 d 条入边,故

$$d(n_i - v_i) \geqslant n_i$$

即 $v_i \leqslant \dfrac{d-1}{d}n_i$. 我们选取元素个数最小的、满足条件的顶点集合 S, 则

$$|S| = \sum_{i=1}^{n} k_i + \sum_{i=1}^{m} v_i \leqslant k_1 + \dfrac{d-1}{d}\sum_{i=2}^{n} ik_i + \sum_{i=1}^{m} \dfrac{d-1}{d}n_i$$
$$\leqslant k_1 + \dfrac{d-1}{d}\left(\sum_{i=2}^{n} ik_i + \sum_{i=1}^{m} n_i\right)$$
$$= k_1 + \dfrac{d-1}{d}(p-k_1) = \dfrac{d-1}{d}p + \dfrac{k_1}{d}$$
$$\leqslant 1 + \left(\dfrac{d-1}{d}\right)p \leqslant 1 + \left(\dfrac{c-1}{c}\right)p$$
$$\leqslant \left(\dfrac{2c-1}{2c+1}\right)p$$

最后一个不等式等价于 $p \geqslant c(2c+1)$. 因此, 当 $2 \leqslant d \leqslant c$ 时, 满足要求.

第12届罗马尼亚大师杯数学竞赛试题及解答

（2020年）

第12届罗马尼亚大师杯数学奥林匹克竞赛于2020年2月26日至3月2日在布加勒斯特举行.

中国数学会委托熊斌教授（华东师范大学）为主教练，肖梁（北京大学）为领队，何忆捷（华东师范大学）为副领队带队参赛，4名队员为严彬玮（南京师范大学附属中学）、韩新淼（乐清市知临中学）、梁敬勋（杭州学军中学）、梅文九（宁波市镇海中学）.

本届竞赛中国未派队到现场参赛，举办方同意包括中国在内的一些国家和地区以远程方式参加竞赛，最终有19个国家和地区的107名选手正式参赛，5个国家和地区的27名选手以远程方式参赛.

中国队采用云视频会议软件Zoom进行网上监考，并邀请各国领队共同监督.队员们克服了很多困难完成此次竞赛.举办方按照正式参赛队员的评奖线，为远程参赛的队员认定对应的奖项.中国队获得了3枚金牌与1枚铜牌的优异成绩.

第 1 天

1 在 $\triangle ABC$ 中，$\angle C$ 为直角，$AC \neq BC$，I 为内心，点 D 为点 C 在 AB 上的射影. $\triangle ABC$ 的内切圆 ω 与边 BC, CA, AB 分别相切于点 A_1, B_1, C_1. 设 E, F 分别是点 C 关于直线 C_1A_1, C_1B_1 的对称点，K, L 分别是点 D 关于直线 C_1A_1, C_1B_1 的对称点. 证明：$\triangle A_1 EI, \triangle B_1 FI, \triangle C_1 KL$ 的外接圆共点.

证明 由于直线 $A_1 E, A_1 C$ 关于直线 $C_1 A_1$ 对称，其中 $C_1 A_1$ 与 $\angle ABC$ 的外角平分线平行，故 $A_1 E \parallel AB$. 同理得 $B_1 F \parallel AB$.

记 r 为圆 ω 的半径. 显然
$$A_1 E = A_1 C = B_1 C = B_1 F = r$$

如图 1 所示，设 M 为 AB 的中点. 取圆 ω 上一点 X 使得 $\overrightarrow{IX}$ 与 $\overrightarrow{CM}$ 同向. 注意到
$$\angle EA_1 I = 90° + \angle EA_1 B = 90° + \angle ABC$$
$$= 90° + \angle BCM = \angle A_1 IX$$

且 $A_1 E = IA_1 = IX$，因此四边形 $XIA_1 E$ 为等腰梯形.

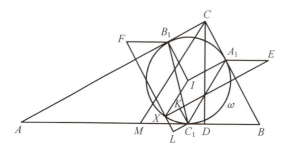

图 1

从而点 X 在 $\triangle A_1 EI$ 的外接圆上，并且 $EX \parallel A_1 I$，即 $EX \perp BC$.

类似可知点 X 在 $\triangle B_1 FI$ 的外接圆上，并且 $FX \perp AC$.

仅需证明点 X 在 $\triangle C_1 KL$ 的外接圆上.

考虑关于直线 $C_1 A_1$ 的对称变换. 直线 CD（垂直于 AB）被变换为过点 E 且垂直于 BC 的直线，即 EX. 根据条件，点 D（点 C_1 在 CD 上的射影）变换为点 K，故 K 为 C_1 在 EX 上的射影. 类似可知点 L 为 C_1 在 FX 上的射影. 从而，由 $\angle C_1 KX = \angle C_1 LX = 90°$，知 C_1, K, X, L 四点共圆（实际上，四边形 $C_1 KXL$ 为正方形），即点 X 在 $\triangle C_1 KL$ 的外接圆上.

因此，$\triangle A_1EI$，$\triangle B_1FI$，$\triangle C_1KL$ 的外接圆共点于点 X.

❷ 设整数 $N \geqslant 2$，数列 $\boldsymbol{a} = (a_1, a_2, \cdots, a_N)$ 与 $\boldsymbol{b} = (b_1, b_2, \cdots, b_N)$ 中各项均为非负整数. 对每个整数 $i \notin \{1, 2, \cdots, N\}$，取 $k \in \{1, 2, \cdots, N\}$ 满足 $i - k$ 被 N 整除，令 $a_i = a_k$，$b_i = b_k$.

我们称 $\boldsymbol{a}$ 是 $\boldsymbol{b}$-调和的，如果对于每个整数 i，均有 a_i 等于以下算术平均

$$a_i = \frac{1}{2b_i + 1} \sum_{s=-b_i}^{b_i} a_{i+s} \quad ①$$

现在假设 $\boldsymbol{a}$ 与 $\boldsymbol{b}$ 均不为常数数列，且 $\boldsymbol{a}$ 是 $\boldsymbol{b}$-调和的，$\boldsymbol{b}$ 也是 $\boldsymbol{a}$-调和的. 证明：$a_1, a_2, \cdots, a_N, b_1, b_2, \cdots, b_N$ 中至少有 $N+1$ 项等于零.

证明 设 $a = \min\limits_{i \in \mathbf{Z}} a_i$，$b = \min\limits_{i \in \mathbf{Z}} b_i$.

结论 1：若 $a = a_i < a_{i+1}$（或 $a = a_i < a_{i-1}$），则 $b_i = 0$.

如若不然，假设 $b_i \geqslant 1$，则式 ① 右端求和式中有大于 a 的项 a_{i+1}（或 a_{i-1}），但无小于 a 的项，故式 ① 的右端大于 a，而式 ① 的左端 $a_i = a$，矛盾. 因此结论 1 成立.

由于 $\boldsymbol{a}$ 不为常数数列，故存在一个 $i_0 \in [1, N]$，使得 $a = a_{i_0} < a_{i_0+1}$. 由结论 1，得 $b_{i_0} = 0$，这意味着 $b = 0$. 类似地有 $a = 0$. 所以 $a_{i_0} = b_{i_0} = 0$.

称 $[i, j]$（允许 $i = j$）为一个"$\boldsymbol{a}$-段落"，如果
$$a_i = a_{i+1} = \cdots = a_j = 0, a_{i-1} \neq 0, a_{j+1} \neq 0$$
类似地定义"$\boldsymbol{b}$-段落".

由 $\boldsymbol{a}, \boldsymbol{b}$ 不为常数数列，可知每个满足 $a_i = 0$（或 $b_i = 0$）的 i 都在一个 $\boldsymbol{a}$-段落（或 $\boldsymbol{b}$-段落）中.

结论 2：设 $[s, t]$ 为一个 $\boldsymbol{b}$-段落，则对任意 $j \in [s, t]$，有 $a_j \leqslant j - s$ 及
$$a_j \leqslant t - j$$

事实上，由于 $\frac{1}{2a_j + 1} \sum\limits_{s=-a_j}^{a_j} b_{j+s} = b_j = 0$，故 $b_{j-a_j} = b_{j-a_j+1} = \cdots = b_{j+a_j} = 0$. 由段落的定义，得 $j - a_j \geqslant s, j + a_j \leqslant t$，因此结论 2 成立.

称 k 为"坏指标"，如果 $a_k, b_k > 0$. 我们证明不存在坏指标.

反证法. 假设存在坏指标，由对称性，不妨设 a_i 为 $\boldsymbol{a}, \boldsymbol{b}$ 中对应于所有坏指标的项中的最大者之一. 进一步，不妨设当 $i-1$ 也为坏指标时，有 $a_{i-1} < a_i$（否则，将 i 用 $i-1$ 替代后继续讨论，由 $a = 0 < a_i$，知这种替代不会无限地进行）.

记 $\Delta = [i - b_i, i + b_i]$. 考虑任何一个 $j \in \Delta$.

(1) 若 j 为坏指标,则由 a_i 的选取方式知 $a_j \leqslant a_i$.

(2) 若 j 落在某个 **a**- 段落中,则 $a_j = 0 < a_i$.

(3) 若 j 不满足情形 (1) 或 (2),则 j 落在某个 **b**- 段落 $[s, t]$ 中. 显然 $i \notin [s, t]$,由对称性不妨设 $i < s < t$,则由结论 2 知
$$a_j \leqslant j - s \leqslant (i + b_i) - (i + 1) = b_i - 1 < a_i$$

综上,可得 $\dfrac{1}{2b_i + 1} \sum_{j \in \Delta} a_j \leqslant a_i$. 由条件知该式应取到等号,即要求每个 $j \in \Delta$ 均符合上述情形 (1),且 $a_j = a_i$. 但此时 $i - 1 \in \Delta$ 为坏指标,且 $a_{i-1} < a_i$,矛盾.

以上讨论表明坏指标不存在,这意味着对每个 i,都有 $a_i = 0$ 或 $b_i = 0$.

又 $a_{i_0} = b_{i_0} = 0$,故 $a_1, a_2, \cdots, a_N, b_1, b_2, \cdots, b_N$ 中至少有 $N + 1$ 项等于零.

③ 设整数 $n \geqslant 3$. 一个国家有 n 座机场,且有 n 家执行双向航班的航空公司. 对每家航空公司,都存在一个奇数 $m \geqslant 3$ 及 m 座不同的机场 $c_1, c_2, \cdots, c_m$,满足:这家航空公司所执行的全部航班恰是 c_1 与 c_2 之间, c_2 与 c_3 之间, $\cdots\cdots$, c_{m-1} 与 c_m 之间, c_m 与 c_1 之间的那些双向航班. 证明:存在一条由奇数趟航班组成的封闭路线,其中不同的航班由不同的航空公司执行.

证明 将问题用图论语言等价表述如下:

考虑 n 阶图 G 中的 n 个奇圈 $\Gamma_1, \Gamma_2, \cdots, \Gamma_n$ (允许两个奇圈重合). 证明:可以在 $\Gamma_1, \Gamma_2, \cdots, \Gamma_n$ 中的某些圈上各选一条边(允许一条边被多次选取)组成一个奇圈.

将 n 阶图 G 中的一组边(连同这些边所联结的顶点)称为"彩虹",如果这组边可由 $\Gamma_1, \Gamma_2, \cdots, \Gamma_n$ 中的某些圈上各选一条边所组成. 要证明的是:存在一个"彩虹"为奇圈.

先在图 G 中选取一个边数最多的无圈的"彩虹" F.

由于"彩虹" F 不含圈,所以其边数小于 n,从而有某个奇圈 Γ_i 不含 F 中的边.

"彩虹" F 必含有 Γ_i 的所有顶点(否则, Γ_i 中有一条边至少联结一个不在 F 中的顶点,将这条边添入 F,得到一个边数更多的无圈的"彩虹",与 F 的取法矛盾).

进一步,奇圈 Γ_i 的所有顶点都在"彩虹" F 的一个连通分支 T 内(否则, Γ_i 中有一条边联结 F 的两个连通分支,将其添入 F,得到一个边数更多的无圈的"彩虹",矛盾).

连通分支 T 为无圈的连通图,故为二部图,可将 T 的顶点分

为两组,使同一组内任意两个顶点不相邻. 由于 Γ_i 是奇圈,故 Γ_i 中存在一条边联结 T 中两个同组的顶点,将这条边添入 T 后,所得的图中必含有奇圈,且该奇圈为"彩虹". 证毕.

第 2 天

4 用 $\mathbf{N}_+$ 表示正整数全体. 称 $\mathbf{N}_+$ 的一个子集 A 为"无和集",如果对 A 中任意两个(可能相同的)元素 x,y,它们的和 $x+y$ 不在 A 中. 求所有的满射 $f: \mathbf{N}_+ \to \mathbf{N}_+$,使得对任意一个"无和集" $A \subseteq \mathbf{N}_+$,它的像 $\{f(a) \mid a \in A\}$ 也是"无和集".

注:称一个函数 $f: \mathbf{N}_+ \to \mathbf{N}_+$ 是满射,如果对任意一个正整数 n,均存在正整数 m,使得 $f(m) = n$.

解 设 $f: \mathbf{N}_+ \to \mathbf{N}_+$ 满足条件. 我们证明 f 为恒等映射.

注意到,对任意 $x,y \in \mathbf{N}_+, x < y$,二元集 $\{x,y\}$ 不是"无和集",当且仅当 $y = 2x$.

引理:对任意 $x \in \mathbf{N}_+$,有 $f(2x) = 2f(x)$,并且 f 为双射.

引理的证明:考虑任意一个 $x \in \mathbf{N}_+$,设 $f(x) = 2^k a$,其中 a 为正奇数,k 为非负整数.

对每个非负整数 i,取一个 $x_i \in \mathbf{N}_+$,满足 $f(x_i) = 2^i a$(注意 f 为满射).

由于 $\{x_i, x_{i+1}\}$ 的像 $f(\{x_i, x_{i+1}\}) = \{2^i a, 2^{i+1} a\}$ 不是"无和集",由条件知 $\{x_i, x_{i+1}\}$ 不是"无和集",即有 $x_i = 2x_{i+1}$ 或 $x_{i+1} = 2x_i$. 由于不同的 i 对应不同的 x_i,因此,或是 $x_i = 2x_{i+1}$ 对所有 i 成立,或是 $x_{i+1} = 2x_i$ 对所有 i 成立. 由于前一情形导致 $x_i = \frac{x_0}{2^i}(i \in \mathbf{N}_+)$,这对充分大的 i 不可能成立,因此必为后一情形. 所以每个 x_i 的取法是唯一的(事实上,当 $f(x'_i) = f(x_i) = 2^i a$ 时,$x'_i = \frac{x_{i+1}}{2} = x_i$). 特别地,由 $f(x) = 2^k a$,知 $x = \frac{x_{k+1}}{2} = x_k$,从而
$$f(2x) = f(x_{k+1}) = 2f(x)$$
又由 x 的任意性,上述推导已蕴含 f 为单射,故 f 为双射. 引理证毕.

回到原问题.

称一个三元集 $\{a,b,c\}$ 为"好集",如果它本身不是"无和集",

但其任意二元子集为"无和集"(即 a,b,c 中不存在两数之比为 2).

易知当 $a<b$ 时,若 $\{a,b,c\}$ 为"好集",则必有 $c=b\pm a$.

注意到,任意一个"好集" A 的原像一定是"好集". 事实上,"好集" A 的原像不是"无和集",又假如 A 的原像中存在元素 x, y,满足 $y=2x$,由引理知 $f(y)=f(2x)=2f(x)$,即 A 中的元素 $f(y)$ 是 $f(x)$ 的 2 倍,与 A 为"好集"矛盾.

现在记 $a=f(1)$,我们归纳证明 $f(n)=an,n\in \mathbf{N}_+$.

当 $n=1,2,4$ 时,由引理知结论成立.

当 $n=3,5$ 时,令 $s=f^{-1}(3a),t=f^{-1}(5a)$,由 $\{a,4a,3a\},\{a,4a,5a\}$ 为"好集",知它们的原像 $\{1,4,s\},\{1,4,t\}$ 为"好集",故 $\{s,t\}=\{3,5\}$. 又"好集" $\{a,5a,6a\}$ 的原像 $\{1,t,f^{-1}(6a)\}$ 为"好集",因此 $\{1,t\}$ 包含于两个不同的"好集",从而 $t=5$(否则,若 $t=3$,由于包含 $\{1,3\}$ 的"好集"仅有 $\{1,4,3\}$ 这一个,矛盾). 进而 $s=3$. 因此,当 $n\leqslant 5$ 时,结论成立.

设结论对 $n\leqslant k$ 成立(其中 $k\geqslant 5$). 记 $r=f^{-1}[(k+1)a]$,显然 $r\neq k-1$.

由归纳假设,"好集" $\{a,ka,(k-1)a\},\{a,ka,(k+1)a\}$ 的原像分别为 $\{1,k,k-1\},\{1,k,r\}$,它们均为"好集",而包含 $\{1,k\}$ 的"好集"仅有 $\{1,k,k\pm 1\}$,故 $r=k+1$. 从而 $f(k+1)=(k+1)a$ 也成立.

由数学归纳法,知 $f(n)=an,n\in \mathbf{N}_+$.

由 f 为满射,可知存在 n_0,使得 $an_0=f(n_0)=1$,即 $a=n_0=1$. 因此 f 为恒等映射(此时 f 显然满足条件).

> **5** 在直角坐标平面中,横、纵坐标均为整数的点称为格点,所有顶点均为格点的多边形称为格点多边形. 设 Γ 是一个凸的格点多边形. 证明:可将凸格点多边形 Γ 置于另一个凸格点多边形 Ω 中,使得 Γ 的所有顶点都落在 Ω 的边界上,且 Ω 恰有一个顶点不是 Γ 的顶点.

证明 根据题意,格点多边形 Ω 是由凸格点多边形 Γ 及 Γ 外的一个格点 T 所生成的凸包. 当且仅当该凸包的内部不含 Γ 的顶点时,格点 T 的选取符合要求.

对一条以端点为格点的线段 PQ,易知 PQ 上的所有格点将 PQ 分为等长的若干段,称每一段为 PQ 的"基本线段",其长度称为"基本长度",记为 $l(PQ)$.

不妨设 AB,BC,CD 是凸格点多边形 Γ 中依次的三边,且 BC 在 Γ 的所有边中具有最大的基本长度.

考虑由边 BC 及射线 AB, DC 所围成的凸区域(含边界).若此区域无界,则在其中选取格点 T,使得 $\overrightarrow{BT} = \overrightarrow{AB}$,$T$ 显然符合要求.以下设此区域有界,射线 AB, DC 交于点 X.我们证明 $\triangle BCX$(不含边 BC)中存在格点.

反证法.假设不存在这样的格点.如图 2 所示,取边 BC 上一点 C_* 满足 $BC_* = l(BC)$,线段 BX 上一点 X_* 满足 $\overrightarrow{C_*X_*}$ 与 $\overrightarrow{CX}$ 同向,点 D_* 满足 $\overrightarrow{C_*D_*} = \overrightarrow{CD}$.此时,在 $\triangle BC_*X_*$ 中仅有 B, C_* 为格点.

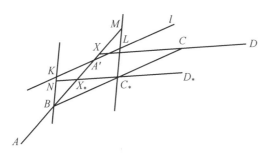

图 2

考虑以直线 BC 为边界,且不含凸格点多边形 Γ 的内点的半平面.对该半平面内平行于 BC,且经过格点的直线,取 l 为这些直线中与 BC 距离最近的一条.设 A' 为 AB 延长线与 l 的交点,KL 为 l 上包含点 A' 的一条基本线段,不妨设 $\overrightarrow{KL} = \overrightarrow{BC_*}$,并约定点 A' 可与点 L 重合,但不与点 K 重合.于是点 K, C_* 位于 $A'B$ 的两侧,且点 L, B 位于 C_*X_* 的两侧(否则点 L 将成为 $\triangle BC_*X_*$ 中的格点).

在平行四边形 $BKLC_*$ 中,仅有四个顶点为格点,这意味着平行线 BK, C_*L 所夹的带状区域内无格点.设射线 BX_*, C_*L 交于点 M,射线 C_*X_*, BK 交于点 N,则线段 BM 与 C_*N(不含端点)内无格点.由基本长度的定义,知
$$BM \leqslant l(AB), C_*N \leqslant l(C_*D_*) = l(CD)$$
结合 $l(BC)$ 的最大性,可知
$$BM \leqslant l(BC), C_*N \leqslant l(BC)$$
从而
$$\frac{BX_* + C_*X_*}{BC_*} = \frac{BX_* + C_*X_*}{l(BC)} \leqslant \frac{BX_*}{BM} + \frac{C_*X_*}{C_*N}$$
$$= \frac{BX_*}{BM} + \frac{X_*M}{BM} = 1$$

但这与三角不等式矛盾.

因此,$\triangle BCX$(不含边 BC)中存在格点.取其中一个格点 T,则 T 符合要求.

6 对每个整数 $n, n \geq 2$,记 $F(n)$ 为 n 的最大素因子. 一个"奇异对"是指由两个不同的素数 p, q 组成的无序对,其中 p, q 使得没有整数 $n, n \geq 2$ 满足 $F(n)F(n+1) = pq$. 证明:存在无穷多个"奇异对".

证明 我们证明存在无穷多个"奇异对" $\{2, q\}$,其中 q 为奇素数.

对任意奇素数 q,且 $\mathrm{ord}_q(2)$ 表示 2 关于模 q 的阶(即满足 $q \mid 2^s - 1$ 的最小正整数 s).

引理:若奇素数 $q_1, q_2 (q_1 < q_2)$ 满足 $\mathrm{ord}_{q_1}(2) = \mathrm{ord}_{q_2}(2)$,则 $\{2, q_1\}$ 为"奇异对".

引理的证明:反证法. 假设对某个 n,有 $F(n)F(n+1) = 2q_1$,有以下两种情况.

(1) 若 $F(n) = 2$, $F(n+1) = q_1$,注意到 F 的定义,可设 $n = 2^k$,则有 $q_1 \mid 2^k + 1$,所以 $q_1 \mid 2^{2k} - 1$,且 $q_1 \nmid 2^k - 1$. 由阶的性质,得 $\mathrm{ord}_{q_1}(2)$(即 $\mathrm{ord}_{q_2}(2)$)整除 $2k$,但不整除 k,于是 $q_2 \mid 2^{2k} - 1$ 且 $q_2 \nmid 2^k - 1$,故 $q_2 \mid 2^k + 1$. 导致 $F(n+1) \geq q_2 > q_1$,矛盾.

(2) 若 $F(n+1) = 2$, $F(n) = q_1$,设 $n+1 = 2^k$,则 $q_1 \mid 2^k - 1$. 所以 $\mathrm{ord}_{q_1}(2)$(即 $\mathrm{ord}_{q_2}(2)$)整除 k,于是 $q_2 \mid (2^k - 1)$. 这导致 $F(n) \geq q_2 > q_1$,矛盾.

因此假设不成立. 从而引理得证.

以下仅需证明:存在无穷多个素数对 $(q_1, q_2)(q_1 < q_2)$ 满足引理中的条件,且使其中的 q_1 互不相同.

对任意素数 $p, p > 5$,令 $N = 2^{2p} + 1$. 我们证明:

① N 含有两个大于 5 的不同的素因子.

② 对 N 的任意素因子 $q > 5$,有 $\mathrm{ord}_q(2) = 4p$.

先证明 ①.

易知 $3 \nmid N$,且由 $N = (4+1)(4^{p-1} - 4^{p-2} + \cdots + 1) \equiv 5p \pmod{25}$,知 $25 \nmid N$.

又将 N 表示为
$$N = (2^p + 1)^2 - 2^{p+1} = (2^p - 2^r + 1)(2^p + 2^r + 1)$$
这里 $r = \dfrac{p+1}{2}$. 由于因子 $2^p - 2^r + 1$ 与 $2^p + 2^r + 1$ 互素(它们为奇数,且差为 2^{r+1}),且都大于 5,故每个因子都含有一个大于 5 的素因子,且这两个素因子互素.

再证明 ②.

对 N 的素因子 $q > 5$,由 $N \mid (2^{4p} - 1)$,知 $q \mid (2^{4p} - 1)$,故 $\mathrm{ord}_q(2) \mid 4p$.

假如 $\mathrm{ord}_q(2) < 4p$,则 $\mathrm{ord}_q(2) \mid 2p$,或 $\mathrm{ord}_q(2) \mid 4$.前一情况导致 $2 = N - (2^{2p} - 1)$ 为 q 的倍数,矛盾;后一情况导致 $q \mid 2^4 - 1$,与 $q > 5$ 矛盾.

因此 $\mathrm{ord}_q(2) = 4p$.

综合 ① 与 ②,对每个素数 $p > 5$,均可取出 $2^{2p} + 1$ 的两个奇素因子 $q_1, q_2 (q_1 < q_2)$,满足 $\mathrm{ord}_{q_1}(2) = \mathrm{ord}_{q_2}(2) = 4p$. 显然,不同的 p 所对应的 q_1 是不同的,从而完成了证明.

第 13 届罗马尼亚大师杯数学竞赛试题及解答

（2021 年）

第 13 届罗马罗亚大师杯数学竞赛于 2021 年 10 月 11 至 10 月 16 日在布加勒斯特举行. 它是由罗马尼亚数学会主办, Tudor Vianu 国家高级中学承办的一次国际邀请赛. 在 IMO 比赛中成绩突出的中国、俄罗斯、美国与罗马尼亚周边的一些欧洲国家受邀参加, 本届竞赛共有 22 支代表队共计 135 名选手正式参加比赛.

中国数学会数学竞赛委员会委托熊斌为主教练、肖梁为领队、姚一隽为副领队带队参加比赛. 本届比赛的参赛队员为戴江齐（南京外国语学校）、冯晨旭（深圳中学）、徐子健（北京市十一学校）、路原（清华大学附属中学）、温玟杰（长沙市雅礼中学）、舒炜杰（华中师范大学第一附属中学）.

本届竞赛举办方决定以线上的方式举行, 并以视频会议形式进行网上监考, 在此过程中邀请各国领队共同监督. 中国代表队的 6 位选手在北京大学北京国际数学研究中心参加了比赛. 最终中国队获得两金三银一铜的好成绩. 团体成绩为每支代表队指定的四名选手中前三名选手的得分总和. 中国队与俄罗斯队并列第一名, 第三名为波兰队.

第 1 天

1 设 T_1, T_2, T_3, T_4 是一条直线上两两不同的 4 个点,T_2 介于 T_1 和 T_3 之间,T_3 介于 T_2 和 T_4 之间. 取圆 ω_1 过 T_1 和 T_4,圆 ω_2 过 T_2,且与圆 ω_1 内切于 T_1,圆 ω_3 过 T_3,且与圆 ω_2 外切于 T_2,圆 ω_4 过 T_4,且与圆 ω_3 外切于 T_3. 一条直线交圆 ω_1 于点 P 和 W,交圆 ω_2 于点 Q 和 R,交圆 ω_3 于点 S 和 T,交圆 ω_4 于点 U 和 V,这些点在直线上顺次为 P, Q, R, S, T, U, V, W. 证明:$PQ + TU = RS + VW$.

证明 设圆 ω_i 的圆心为 O_i, $i = 1, 2, 3, 4$. 注意到等腰三角形 $O_i T_i T_{i-1}$ 都是相似的(这里的下标都是在模 4 意义下取的),我们知道圆 ω_4 和圆 ω_1 内切于点 T_4,且四边形 $O_1 O_2 O_3 O_4$ 是一个(可能退化的)平行四边形.

设圆心 O_i 在直线 PW 上的投影为点 F_i. 显然,相应的 F_i 分别是线段 PW, QR, ST 和 UV 的中点. 下面的步骤有两种方法.

方法一:既然 $O_1 O_2 O_3 O_4$ 是一个平行四边形,那么就有

$$\overrightarrow{F_1 F_2} + \overrightarrow{F_3 F_4} = \mathbf{0}$$

且

$$\overrightarrow{F_2 F_3} + \overrightarrow{F_4 F_1} = \mathbf{0}$$

哪怕这个平行四边形是退化的(即 O_1, O_2, O_3, O_4 四点共线),这两个向量等式仍然成立,因为这时它们都在直线 $T_1 T_4$ 上,且 O_i 是 $T_i T_{i+1}$ 的中点. 因此

$$\begin{aligned}
& \overrightarrow{PQ} - \overrightarrow{RS} + \overrightarrow{TU} - \overrightarrow{VW} \\
={}& (\overrightarrow{PF_1} + \overrightarrow{F_1 F_2} + \overrightarrow{F_2 Q}) - (\overrightarrow{RF_2} + \overrightarrow{F_2 F_3} + \overrightarrow{F_3 S}) + \\
& (\overrightarrow{TF_3} + \overrightarrow{F_3 F_4} + \overrightarrow{F_4 U}) - (\overrightarrow{VF_4} + \overrightarrow{F_4 F_1} + \overrightarrow{F_1 W}) \\
={}& (\overrightarrow{PF_1} - \overrightarrow{F_1 W}) - (\overrightarrow{RF_2} - \overrightarrow{F_2 Q}) + (\overrightarrow{TF_3} - \overrightarrow{F_3 S}) - \\
& (\overrightarrow{VF_4} - \overrightarrow{F_4 U}) + (\overrightarrow{F_1 F_2} + \overrightarrow{F_3 F_4}) - \\
& (\overrightarrow{F_2 F_3} + \overrightarrow{F_4 F_1}) = \mathbf{0}
\end{aligned}$$

这样,我们有

$$\overrightarrow{PQ} + \overrightarrow{TU} = \overrightarrow{RS} + \overrightarrow{VW}$$

命题得证.

方法二:和方法一本质上相同. 如图 1,我们取直线 PW 上的正方向为从点 P 指向点 W 的方向,并用小写字母表示相应的点

的坐标.

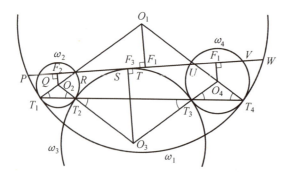

图 1

因为平行四边形的对角线互相平分,所以我们有 $f_1+f_3=f_2+f_4$,都等于 O_1O_3 和 O_2O_4 的交点在 PW 上投影的坐标的 2 倍;这个等式显然在退化情形也成立.

把 $f_1=\frac{1}{2}(p+w)$, $f_2=\frac{1}{2}(q+r)$, $f_3=\frac{1}{2}(s+t)$ 和 $f_4=\frac{1}{2}(u+v)$ 代入,我们得到
$$p+w+s+t=q+r+u+v$$
换句话说,我们得到了
$$(q-p)+(u-t)=(s-r)+(w-v)$$
即
$$PQ+TU=RS+VW$$
命题成立.

> **❷** 甲、乙二人玩一个游戏.甲先想一个不超过 5 000 的正整数 N.然后甲固定 20 个两两不同的正整数 $a_1, a_2, \cdots, a_{20}$,使得对 $k=1, 2, \cdots, 20$, N 与 a_k 模 k 同余.在接下来的每一步中,乙告诉甲一个由某些不超过 20 的正整数构成的集合 S,然后甲告诉乙集合 $\{a_k \mid k \in S\}$,但不告知每个元素对应的下标.问:乙至少需要多少步才能确定甲所想的数?

解 先说明乙两步之内可以确定甲所想之数.乙第一步告诉甲集合 $\{17, 18\}$,然后第二步告诉甲集合 $\{18, 19\}$.甲在两次分别反馈 $\{a_{17}, a_{18}\}$ 和 $\{a_{18}, a_{19}\}$.由此,乙可以确定全部三个数 a_{17}, a_{18}, a_{19},进而由中国剩余定理确定 N 模 $17 \times 18 \times 19 = 5\,814 > 5\,000$ 的余数.乙可以由此确定甲所想的数.

下证:乙无法一步就确定甲所想的数.记
$$M = \text{lcm}(1, 2, \cdots, 10) = 2^3 \times 3^2 \times 5 \times 7 = 2\,520$$
注意到,在集合 $\{1, 2, \cdots, 20\}$ 中任取两个不同的数,它们的最大

公因数都整除 M. 假设乙所询问的集合为 $S=\{s_1,s_2,\cdots,s_k\}$. 我们将证明存在两两不同的正整数 $b_1,b_2,\cdots,b_k$ 满足 $1\equiv b_i(\bmod s_i)$ 和 $M+1\equiv b_{i-1}(\bmod s_i)$(这里下标模 k 考虑). 所以, 如果甲在回答中给出 $\{b_1,b_2,\cdots,b_k\}$, 那么乙没有办法区分 1 和 $M+1$.

为了说明 b_i 的存在性, 注意到对每一个 $i, 1+m s_i, m\in \mathbf{Z}$ 型的数遍历的所有模 $\gcd(s_i,s_{i+1})\mid M$ 余 $1\equiv 1+M$ 的模 s_{i+1} 的剩余类. 于是甲可以选择一个正整数 b_i, 使得 $b_i\equiv 1(\bmod s_i)$, 且 $b_i\equiv M+1(\bmod s_{i+1})$. 显然这个选择可以满足题目要求.(如果所选的 $b_1,b_2,\cdots,b_k$ 中有相同的数, 那么在其中某些数上加上合适的 $\mathrm{lcm}(s_1,s_2,\cdots,s_k)$ 的倍数即可.)

❸ 有 17 名工人排成一排. 称任意连续相邻的若干工人(至少 2 人)为一个组. 负责人想在每个组中指定一个组长(为此组中的一名工人), 使得每名工人被指定为组长的次数都是 4 的倍数. 证明: 满足要求的指定组长的不同方法数是 17 的倍数.

证法 1 假设每个工人自己也可以成为一个组(当然此时组长的选择是唯一的). 在这种情况下, 我们关心的是使得每名工人被指定为组长的次数方法数 N 都模 4 余 1.

设变量 $x_1,x_2,\cdots,x_{17}$ 对应这 17 名工人. 把一个组(从第 i 个工人到第 j 个工人组成的)对应到多项式
$$f_{ij}=x_i+x_{i+1}+\cdots+x_j$$
并考虑乘积
$$f=\prod_{1\leqslant i\leqslant j\leqslant 17} f_{ij}$$
这样方法数 N 就是 f 的展开式中所有使得每一个 α_i 都模 4 余 1 的形如 $x_1^{\alpha_1}x_2^{\alpha_2}\cdots x_{17}^{\alpha_{17}}$ 的单项式的系数之和 $\sum(f)$. 对于任意多项式 P, 以 $\sum(P)$ 记相应的系数和. 现在开始, 我们考虑系数取在有限域 F_{17} 中的多项式.

我们知道, 对于任意正整数 n 和任意整数 $a_1,a_2,\cdots,a_n$ 存在下标 i 和 j, 使得 $a_i+a_{i+1}+\cdots+a_j$ 被 n 整除. 所以, $f(a_1,a_2,\cdots,a_{17})=0$ 对 F_{17} 中任意的 $a_1,a_2,\cdots,a_{17}$ 都成立.

现在, 如果在 f 的展开式中, 某个单项式被 x_i^{17} 整除, 那么我们把 x_i^{17} 替换为 x_i;(由费马小定理)这样的操作不影响整个多项式对任意变量都等于 0 的性质, 且保持 $\sum(f)$ 不变. 在进行若干步这样的操作之后, 可以把 f 变成一个每一项中每一个变量的次数都不超过 16 的多项式 g, 且对 F_{17} 中任意的 $a_1,a_2,\cdots,a_{17}$, 都满

足 $g(a_1,a_2,\cdots,a_{17})=0$. 对于这样一个多项式,关于变量个数做一个简单的归纳,就可以得出它是恒等于 0 的. 从而 $\sum(g)=0$,即 $\sum(f)=0$,命题得证.

证法 2 做如前证法 1 一样地讨论,用 $x_1,x_2,\cdots,x_{17}$ 的指数标记每名工人被任命为组长的次数,则多项式
$$f(\underline{x})=f(x_1,x_2,\cdots,x_{17})=\prod_{\substack{1\leq i<j\leq 17\\ j-i\geq 2}}(x_i+x_{i+1}+\cdots+x_j)$$
中 $x_1^{a_1}x_2^{a_2}\cdots x_{17}^{a_{17}}$ 的系数恰为指定组长使得第 i 号工人当 a_i 次组长的方案数. 我们需要证明对多项式 $f(\underline{x})$,所有每个变元次数都为 4 的倍数的项的系数求和为 17 的倍数.

为此,我们在有限域 F_{17} 中考虑此多项式. 注意到 $x^4 \equiv 1 \pmod{17}$ 有四个解: $\{\pm 1, \pm 4\}$,所以
$$1^{\alpha}+(-1)^{\alpha}+4^{\alpha}+(-4)^{\alpha} \equiv \begin{cases} 0 \pmod{17}, & 4 \nmid \alpha \\ 4 \pmod{17}, & 4 \mid \alpha \end{cases}$$
由此可知,可能的指派组长使得所有人做组长次数为 4 的倍数的方案数模 17 为
$$\frac{1}{4^{17}}\sum_{a_i \in \{\pm 1, \pm 4\}} f(a_1,a_2,\cdots,a_{17})$$
我们只需证明对任意不是 17 的倍数的整数 $a_1,a_2,\cdots,a_{17}$,使得 $f(a_1,a_2,\cdots,a_{17})$ 是 17 的倍数. 假设 $f(a_1,a_2,\cdots,a_{17})$ 不是 17 的倍数. 考虑求和
$$a_1+a_2, a_1+a_2+a_3, \cdots, a_1+a_2+\cdots+a_{17}$$
这 16 个数不能为 17 的倍数,且它们模 17 的余数必须两两不同,否则两个同余的项的差就是 17 的倍数,推出某个 a_i 是 17 的倍数或者 $f(a_1,a_2,\cdots,a_{17})$ 中某项为 17 的倍数,产生矛盾. 由此知,上面 16 个数必须模 17 余 $1,2,\cdots,16$ 各一次.

根据同样的推理,得到下面 16 个数
$$a_{17}+a_{16}, a_{17}+a_{16}+a_{15}, \cdots, a_{17}+a_{16}+\cdots+a_1$$
也必须模 17 余 $1,2,\cdots,16$ 各一次. 将前面所有 $16\times 2=32$ 个数求和,得到
$$2\times(1+2+\cdots+16) \equiv \sum_{j=1}^{17}(a_1+a_2+\cdots+a_j)+\sum_{j=1}^{16}(a_{17}+\cdots+a_j) \pmod{17}$$
等式左边是 17 的倍数,而右边等于
$$17a_1+18(a_2+\cdots+a_{16})+17a_{17} \equiv a_2+\cdots+a_{16} \pmod{17}$$
由此知 $a_2+\cdots+a_{16}$ 是 17 的倍数,与 $f(a_1,a_2,\cdots,a_{17})$ 不是 17 的倍数矛盾. 这完成了题目的证明.

第 2 天

4 固定整数 $n,n \geqslant 2$,并把 $1,2,\cdots,n$ 这些数写在一块黑板上. 每次操作可以擦掉黑板上的两个数 a 和 b,在黑板上写下 $a+b$ 和 $|a-b|$ 并擦去重复的数(例如:黑板上写有 $2,5,7,8$,可以擦掉 $a=5$ 和 $b=7$,使得黑板上的数变为 $2,8,12$).对每一个整数 $n,n \geqslant 2$,确定是否可以进行有限次操作使得黑板上只剩下两个数.

证法 1 对所有的 $n,n \geqslant 2$ 都可以. 首先易验证 $n=2,5,6$ 的情况,以下用归纳法将 n 的情形转化为 $\left[\dfrac{n}{2}\right]$ 的情形.

当 $n=4k$ 或 $4k-1,k \in \mathbf{N}$ 时,依次对数对 $(1,4k-1),(3,4k-3),\cdots,(2k-1,2k+1)$ 进行操作. 每一次会去掉两个奇数,新得到的数 $c=|a \pm b|$ 永远是一个 2 到 $4k$ 之间的偶数. 这些操作结束之后,黑板上剩下的数恰好为 2 到 $4k$ 之间所有的偶数. 接下来的操作显然可以被转化到 $1,2,\cdots,2k$ 的情况.

当 $n=4k+1$ 或 $4k+2(k \in \mathbf{N},k \geqslant 2)$ 时,首先擦去 $(4,2k+1)$,此时因为 $2k-3$ 和 $2k+5 \leqslant 4k+1$ 都在黑板上,所以不需要写下新的数. 下面依次对数对 $(1,4k+1),(3,4k-1),\cdots,(2k-1,2k+3)$ 做操作. 每一次会去掉两个奇数,新得到的数 $c=|a \pm b|$ 永远是一个 2 到 $4k+2$ 之间的偶数. 并且注意到最后一次操作 $(2k-1,2k+3)$ 时会把之前擦掉的 4 重新写在黑板上. 所以这些操作结束之后黑板上剩下的数恰好为 2 到 $4k+2$ 之间所有的偶数,从而问题转化到 $1,2,\cdots,2k+1$ 的情况,完成归纳证明.

证法 2 我们证明更强的结论:在黑板上任意的三个正整数 a,b,c,可以在进行如题要求的有限步操作后变成两个数. 由此用归纳法可以证明原题对所有 $n,n \geqslant 2$ 成立.

首先,注意到若将 a,b,c 除以它们的最大公因数,则情形不变. 我们总可以假设 a,b,c 的最大公因数是 1,将证明可以进行操作,要么将黑板上的数变成两个数,要么使得 $(a+b+c)/\gcd(a,b,c)$ 变小. 这样最终总可以将黑板上的数变成两个数.

其次,从 a,b,c 出发可以操作 a,b 得到 $a+b,|a-b|$,再操作这两个数得到 $2a$ 和 $2b$(称这个方法为双加倍法). 所以,如果 a,b,c 中 c 是偶数,可以双加倍变成 $2a,2b,c$,这与 $a,b,\dfrac{c}{2}$ 等价,使得

$(a+b+c)/\gcd(a,b,c)$ 变小.

下面假设 a,b,c 都是奇数,不妨设 $a<b<c$. 考虑操作 a,b 得到 $a+b$ 和 $b-a$. 之后,对 $a+b$ 和 c 双加倍,再对 $b-a$ 和 $2c$ 双加倍. 最后得到 $2(a+b),2(b-a),4c$,将它们除以公共的因数 4 之后,得到 $\dfrac{a+b}{2},\dfrac{b-a}{2},c$. 它们的和是 $b+c$,比 $a+b+c$ 小. 这就完成了归纳证明.

> **❺** 设 n 是一个正整数. Zoomtopia 城是一个整数边长的凸多边形,周长为 $6n$,且具有 60° 旋转对称性(即存在一点 O 使得绕点 O 的 60° 旋转把多边形变成自身). 在疫情中,Zoomtopia 城政府希望将城内的 $3n^2+3n+1$ 位居民安置在城内的 $3n^2+3n+1$ 个点上,使得任何两名公民之间都至少保持社交距离 1. 证明:这是可能的.(假设 Zoomtopia 城的领土包含多边形的边界.)

证明 据题意,Zoomtopia 城是一个凸多边形 P. 在下文中,我们把一个周长为 $6k$ 的整数边长多边形理解成一个每边长度都为 1 的 $6k$ 边形(某些内角会等于 180°). 证明建立在下述命题的基础上.

命题:设 P 是一个满足题意的凸多边形,即具有整数边长,周长为 $6n$,且具有 60° 旋转对称性,则 P 可由边长为 1 的正三角形,及每个角都至少为 60° 的单位边长菱形,沿着边铺砌而成,使它在整个铺砌构型中恰有 $3n^2+3n+1$ 个不同的顶点.

证明:我们关于 n 作归纳. 归纳基础,即 $n=1$ 的情形,是显然的.

现在对于一个周长为 $6n(\geqslant 12)$ 的多边形 P. 从六条互相关于对称中心成 60°(的整数倍) 旋转关系的(单位长的)边向形内作正三角形. 如图 2 所示,在其他的所有边上都可以拼上一个单位边长的菱形.

我们来证明这些菱形的内角都至少有 60°. 设多边形 P 的边界上介于(关联正 $\triangle ABP$ 的) 边 AB 和(关联正 $\triangle CDQ$ 的) 边 CD 之间有一条(关联单位边长菱形的) 边 XY,则 $\overrightarrow{XY}$ 和 $\overrightarrow{BP}$ 所成的夹角介于 $\overrightarrow{AB},\overrightarrow{BP}$ 和 $\overrightarrow{CD},\overrightarrow{CQ}$ 所成的夹角之间,即介于 60° 和 120° 之间.

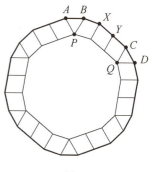

图 2

把上述小块都去掉,我们得到了一个具有 60° 旋转对称性的凸 $6(n-1)$ 边形,满足命题的条件,从而可以用归纳假设. 最后,P 的铺砌构型中一共有

$$6n+3(n-1)^2+3(n-1)+1=3n^2+3n+1$$

个顶点,命题成立.

利用上述命题,我们可以把原题中的这些公民安置在这 $3n^2+3n+1$ 个顶点处.

考虑任意一个小块 T_1,它自身的顶点之间的距离都至少是 1. 如果 BAC 是某个小块 T 的边界的一部分,设 X 是 T 的边界上位于半开半闭线段 $[A,B)$ 和 $[A,C)$ 之外的点(我们称此时点 X 不与点 A 相邻),那么 $AX \leqslant \frac{\sqrt{3}}{2}$.

现在考虑两个铺砌构型中的顶点 A 和 B. 如果它们属于同一个小块,那么我们已经证明了 $AB \geqslant 1$;如果它们不属于同一个小块,那么线段 AB 会穿过分别包含 A 和 B 的两个小块的边界上的点 X 和 Y,这两个点分别与 A 和 B 是不相邻的. 这样
$$AB \geqslant AX + YB \geqslant \sqrt{3} > 1$$

> **6** 初始时,黑板上写有一个不为常数的实系数多项式 $S(x)$.若黑板上有某一多项式 $P(x)$(黑板上可以同时有其他多项式),则可以在黑板上写下一个形如 $P(C+x)$ 或 $C+P(x)$ 的多项式(C 是任一实数).并且,若黑板上有两个(不一定不同的)多项式 $P(x)$ 和 $Q(x)$,则可以在黑板上写下 $P[Q(x)]$ 和 $P(x)+Q(x)$.特别地,写在黑板上的多项式都不会被擦去.
>
> 给定两个实数集合 $A=\{a_1,a_2,\cdots,a_n\}$ 和 $B=\{b_1,b_2,\cdots,b_n\}$,称一个实系数多项式 $f(x)$ 是 (A,B)-好的,如果 $f(A)=B$,这里
> $$f(A)=\{f(a_i) \mid i=1,2,\cdots,n\}$$
> 试确定所有可能的初始多项式 $S(x)$,使得对任意两个满足 $|A|=|B|$ 的有限实数集合 A 和 B,都可以在有限步之后得到一个 (A,B)-好的多项式.
>
> 注:$|A|$ 指集合 A 的元素个数.

解 所有可能的初始 $S(x)$ 为

(1) 次数 $d \geqslant 2$,且 d 为偶数的多项式.

(2) 次数 $d \geqslant 3$,且 d 为奇数,首项为负的多项式.

首先证明常数或者线性的 $S(x)$ 不满足题意. 这是因为这样黑板上可以写下的函数必然都是常数或者线性的函数,那么对于 $A=\{1,2,3\}$ 和 $B=\{1,2,4\}$,无法在黑板上得到一个 (A,B)-好的多项式.

下面说明一个首项为正的、次数 $d \geqslant 3$ 且 d 为奇数的多项式 $S(x)$ 不满足题目要求. 先证明存在一个常数 $T>0$,使得实数 a,

$b \in \mathbf{R}$,若满足 $b-a > T$,则
$$S(b) - S(a) > b - a$$

首先,存在一个非平凡区域 $\Delta = [\alpha, \beta]$,使得函数 $S(x) - 2x$ 在 Δ 之外是单调递增的. 记
$$\delta := \max_{x \in \Delta}[S(x) - 2x] - \min_{x \in \Delta}[S(x) - 2x]$$

我们说明常数 $T = (\beta - \alpha) + \delta$ 满足题目要求. 任给两个数 $a, b \in \mathbf{R}$,满足 $b - a > T$. 如果线段 $[a, b]$ 和线段 $[\alpha, \beta]$ 不相交,那么由严格单调性给出
$$S(b) - 2b > S(a) - 2a$$
即
$$S(b) - S(a) > 2(b-a) > b - a$$

如果线段 $[a, b]$ 和线段 $[\alpha, \beta]$ 相交,那么必然 $\alpha > a$ 或者 $b > \beta$. 不妨设 $\alpha > a$,则有
$$f(a) - 2a < f(\alpha) - 2\alpha \leqslant f(b) - 2b + \delta$$
所以
$$f(b) - f(a) > 2b - 2a - \delta > b - a$$

很容易说明黑板上后来写上的多项式 P 都满足同样的条件:即若实数 $a, b \in \mathbf{R}$ 满足
$$b - a > T, P(b) - P(a) > b - a$$
所以我们只需要取 $A = \{0, 2T\}$ 和 $B = \{0, T\}$,那么黑板上不可能出现 (A, B)-好的多项式.

接下来说明如果 $S(x)$ 为上述两类多项式(1)和(2),那么对任何 $A = \{a_1, a_2, \cdots, a_n\}$ 和 $B = \{b_1, b_2, \cdots, b_n\}$,总可以在黑板上写下多项式 $P(x)$,使得 $P(a_i) = b_{\sigma(i)}$ 对某个置换 σ 成立. 我们对元素个数 n 进行归纳.

引理1:对任意的 $a_1 < a_2$ 和任意的 $b_1, b_2 \in \mathbf{R}$,可以在黑板上写下多项式 $F(x)$,使得 $F(a_1) = b_1, F(a_2) = b_2$. (这是归纳证明 $n = 2$ 的情形.)

引理1的证明:若 $S(x)$ 的次数是偶数,则多项式
$$T(x) = S(x + a_2) - S(x + a_1)$$
的次数是奇数,所以存在 x_0,使得
$$T(x_0) = S(x_0 + a_2) - S(x_0 + a_1) = b_2 - b_1$$
令
$$G(x) = S(x + x_0)$$
我们有
$$G(a_2) - G(a_1) = b_2 - b_1$$
平移得到
$$F(x) = G(x) + [b_1 - G(a_1)]$$
满足引理要求.

若 $\deg S(x) = d \geq 3$ 是奇数,且 $S(x)$ 的首项系数为负,则 $S[S(x)]$ 的次数也是奇数,且首项系数为正,所以 $S[S(x+a_2)] - S[S(x+a_1)]$ 可以取到任意正的值,$S(x+a_2) - S(x+a_1)$ 可以取到任意负的值. 所以总可以取 $x_0, y_0 \in \mathbf{R}$,使得
$$S[S(x_0+a_2)] - S[S(x_0+a_1)] + S(y_0+a_2) - S(y_0+a_1)$$
$$= b_2 - b_1$$
构造
$$G(x) = S[S(x+x_0)] + S(x+y_0)$$
可以满足
$$G(a_2) - G(a_1) = b_2 - b_1$$
平移 $G(x)$ 可以得到满足题意的多项式.

引理2:对任意不同实数 $a_1 < a_2 < \cdots < a_n$,可以在黑板上写下一个多项式 $F(x)$,使得 $F(a_1) = F(a_2)$,并且 $F(a_2), \cdots, F(a_n)$ 两两不同.

引理2的证明:记区间 $\Delta = [a_1, a_n]$,对引理1的证明稍作调整,使得 $F(a_1) = F(a_2)$. 我们称一个多项式 $H(x)$ 是好的,如果它在 Δ 上是凸的.

若 $\deg S = d \geq 2$ 的偶数,我们先假设它的首项系数是正的,则 $S(x+c)$ 对足够负的 c 都是好的,并且对这些 c,$S(a_2+c) - S(a_1+c)$ 可以得到足够大的负数取值. 同样地,$S(x+c)$ 对足够正的 c 都是好的,并且对这些 c,$S(a_2+c) - S(a_1+c)$ 可以得到足够大的正数取值. 所以我们总可以找到绝对值足够大的 $c_1 < 0 < c_2$,使得 $S(x+c_1) + S(x+c_2)$ 是我们想要的多项式. 如果 H 的首项系数为负,那么我们转而寻找那些在 Δ 上的凹多项式,证明是一样的.

若 $\deg S(x) = d \geq 3$ 是奇数,并且 $S(x)$ 的首项系数为负,则对所有足够负的 c,$S(x+c)$ 是好的,并且对这些 c,$S(a_2+c) - S(a_1+c)$ 达到所有足够负的取值. 同样的,对所有足够正的 c,$S[S(x+c)]$ 是好的,并且对这些 c,$S[S(a_2+c)] - S[S(a_1+c)]$ 达到所有足够正的取值. 所以存在绝对值足够大的 $c_1 < 0 < c_2$,使得 $S(x+c_1) + S[S(x+c_2)]$ 是我们需要的多项式.

下面归纳证明如果 $S(x)$ 为上述两类多项式(1)和(2),任给 n 元集合 A 和 B,可以在黑板上写下 (A,B)-好的多项式. 首先将 $S(x)$ 换成某个 $S(x+C)$,使得 $S(a_i)$ 两两不同. 利用引理2,我们得到一个多项式 $f(x)$,使得 $c_i = f(a_i)$ 中恰有两个数相同,即 $c_1 = c_2$. 用引理1得到一个多项式 $g(x)$,使得 $g(a_1) = b_1, g(a_2) = b_2$. 由归纳假设可以得到多项式 $h(x)$,满足 $h(c_i) = b_i - g(a_i)$ 对 $i = 2, \cdots, n$ 成立,则 $h[f(x)] + g(x)$ 是 (A,B)-好的. 这是因为对 $i = 2, \cdots, n$ 成立

$$h[f(a_i)] + g(a_i) = h(c_i) + g(a_i) = b_i$$

而
$$h[f(a_1)] + g(a_1) = h(c_1) + g(a_1)$$
$$= b_2 - g(a_2) + g(a_1) = b_1$$

这就完成了对题目的归纳证明.

第 14 届罗马尼亚大师杯数学竞赛试题及解答

(2023 年)

第 1 天

1 求所有素数 p 和正整数 x,y,使得 $x^3+y^3=p(xy+p)$.

解 因为
$$p(xy+p)=(x+y)(x^2-xy+y^2)$$
所以 $x+y, x^2-xy+y^2$ 中至少有一个是 p 的倍数.

当 $p\mid(x+y)$ 时,设 $x+y=kp, k$ 是正整数.

若 $k=1$,则
$$x+y=p, xy+p=x^2-xy+y^2 \Rightarrow p=(x-y)^2$$
这与 p 是素数,矛盾.

若 $k\geqslant 2$,则由
$$xy+p=k(x^2-xy+y^2)$$
得
$$xy+\frac{x+y}{2}\geqslant xy+p=k(x^2-xy+y^2)$$
$$\geqslant 2(x^2-xy+y^2)$$
$$\Rightarrow x+y\geqslant 4x^2-6xy+4y^2=3(x-y)^2+x^2+y^2$$
$$\geqslant x^2+y^2$$
$$\Rightarrow x(x-1)+y(y-1)\leqslant 0$$

只能有 $x=1, y=1$,代入条件得 $2=p(1+p)$,不可能成立.

故 $p\nmid(x+y)$.

由条件得
$$(3x)^3+(3y)^3+p^3-3\cdot(3x)\cdot(3y)\cdot p=p^2(p+27)$$

$$\Rightarrow (3x+3y+p)(9x^2+9y^2+p^2-9xy-3xp-3yp)$$
$$= p^2(p+27) \qquad (*)$$

若 $p=3$,则
$$(x+y+1)(x^2+y^2+1-xy-x-y)=10$$

因为 $x,y \geqslant 1$,所以 $x+y+1 \geqslant 3$.

于是
$$\begin{cases} x+y+1=5 \\ x^2+y^2+1-xy-x-y=2 \end{cases}$$

或
$$\begin{cases} x+y+1=10 \\ x^2+y^2+1-xy-x-y=1 \end{cases}$$

这两个方程组均无正整数解.

因此 $p \neq 3$.

又由 $p \nmid (x+y)$,知
$$\gcd(3x+3y+p,p) = \gcd(3(x+y),p) = 1$$
$$\Rightarrow \gcd(3x+3y+p,p^2) = 1$$

结合式 $(*)$ 得
$$(3x+3y+p) \mid (p+27) \Rightarrow 3x+3y+p \leqslant p+27 \Rightarrow x+y \leqslant 9$$

将所有满足 $x+y \leqslant 9$ 的正整数 x,y 代入 $x^3+y^3=p(xy+p)$ 中进行检验,只有 $(x,y,p)=(1,8,19),(8,1,19),(2,7,13),(7,2,13),(4,5,7),(5,4,7)$ 满足题意.

❷ 给定整数 $n, n \geqslant 3$,S 是平面上 n 个点构成的集合,这些点中任意三点不共线. 对于 S 中两两不同的点 A,B,C,若对任意异于点 A 和 B 的点 $X \in S$,总有 $\triangle ABX$ 的面积不小于 $\triangle ABC$ 的面积,则称 $\triangle ABC$ 对边 AB 是好的. 如果一个三角形的所有顶点都在 S 中,且它对至少两条边是好的,那么称这个三角形是"美丽三角形".

求证:至少有 $\dfrac{1}{2}(n-1)$ 个 "美丽三角形".

证明 假设 "美丽三角形" 的个数小于 $\dfrac{1}{2}(n-1)$.

以 S 的 n 个点为顶点,对于一个 "美丽三角形",它对至少两条边是好的,画出其中两条边,这样得到图 G,则图 G 有 n 个点,边数小于 $2 \times \dfrac{1}{2}(n-1) = n-1$.

于是图 G 不是连通图,必可将图 G 的 n 个点分成两个非空点集 X,Y,使得 X 中的点与 Y 中的点不相邻.

现在考虑三个顶点有属于 X, 也有属于 Y 的三角形, 这样的三角形有有限个, 必有一个三角形的面积最小, 设这个三角形的三个顶点为 A, B, C. 不妨设 $A \in X, B, C \in Y$, 则 $\triangle ABC$ 对边 AB 是好的, 对边 AC 也是好的, 即 $\triangle ABC$ 是"美丽三角形". 在图 G 中将有 A 与 B 相邻或 A 与 C 相邻, 这与 A 与 B, C 不相邻矛盾.

综上, 假设不成立, 至少有 $\frac{1}{2}(n-1)$ 个"美丽三角形".

❸ 给定整数 $n \geqslant 2$, f 是 $4n$ 元实系数多项式, 对平面直角坐标系内的 $2n$ 个点 $(x_1, y_1), (x_2, y_2), \cdots, (x_{2n}, y_{2n})$, $f(x_1, y_1, \cdots, x_{2n}, y_{2n}) = 0$ 当且仅当这些点是一个正 $2n$ 边形的顶点, 或它们全部重合.

试求 f 的次数的最小可能值.

解 分两步解决本题.

(1) $\deg f \geqslant 2n$.

设 $z_k = x_k + \mathrm{i} y_k$, 则
$$f(x_1, y_1, \cdots, x_{2n}, y_{2n})$$
$$= f\left(\frac{z_1 + \bar{z}_1}{2}, \frac{z_1 - \bar{z}_1}{2}, \cdots, \frac{z_{2n} + \bar{z}_{2n}}{2}, \frac{z_{2n} - \bar{z}_{2n}}{2}\right)$$

记为 $g(z_1, \bar{z}_1, \cdots, z_{2n}, \bar{z}_{2n})$, 则
$$g(z_1, \bar{z}_1, \cdots, z_{2n}, \bar{z}_{2n}) = 0$$

当且仅当 $z_1, z_2, \cdots, z_{2n}$ 对应的点是一个正 $2n$ 边形的顶点或它们全部重合. 平移旋转直角坐标系, 可不妨设这个正 $2n$ 边形的顶点在单位圆上, 且有一个点的坐标是 $(1, 0)$.

考虑 $G(x) = g(x, \bar{x}, x\omega^2, \overline{x\omega^2}, \cdots, x\omega^{2(n-1)}, \overline{x\omega^{2(n-1)}}, \omega, \bar{\omega}, \omega^3, \bar{\omega}^3, \cdots, \omega^{2n-1}, \overline{\omega^{2n-1}})$, 其中
$$\omega = \cos\frac{\pi}{2n} + \mathrm{i}\sin\frac{\pi}{2n}$$

则当 $x = 1, \omega^2, \omega^4, \cdots, \omega^{2(n-1)}$ 时, $G(x) = 0$, 即 $(x^n - 1) \mid G(x)$.

下面先证明: 对任意复数 x, $|x| = 1$, 有 $G(x)$ 恒大于或等于 0 或恒小于或等于 0.

假设存在 $u, v \in \mathbf{C}$, 使得
$$|u| = |v| = 1, G(u) > 0, G(v) < 0$$

记 $Q(x) = G[xu + (1-x)v]$, 则 $Q(1) > 0, Q(0) < 0$. 由 $Q(x)$ 的连续性, 知存在 $r \in (0, 1)$, 使得 $Q(r) = 0$, 即
$$G[ru + (1-r)v] = 0$$

而当 $r \in (0, 1)$ 时
$$|ru + (1-r)v| < 1$$

这表明 $G(x) = 0$ 有不在单位圆上的解，矛盾！

故结论成立．

可不妨设 $G(x) \geq 0, \forall x \in \mathbf{C}, |x| = 1$．

进而易得 $G(x) \geq 0, \forall x \in \mathbf{C}$．

故对任意 $x_1, y_1, \cdots, x_{2n}, y_{2n} \in \mathbf{R}$，有 $f(x_1, y_1, \cdots, x_{2n}, y_{2n}) \geq 0$．于是 $G(x) = 0$ 的每个根至少是两重根，而 $(x^n - 1) \mid G(x)$，因此

$$(x^n - 1)^2 \mid G(x) \Rightarrow \deg G \geq 2n$$

即

$$\deg f \geq 2n$$

(2) 给出 $\deg f = 2n$ 的例子．

记

$$z_k = x_k + \mathrm{i} y_k, z = \frac{1}{2n}(z_1 + z_2 + \cdots + z_{2n})$$

$$\omega_k = z_k - z, k = 1, 2, \cdots, 2n$$

令

$$f = \sum_{k=1}^{2n}(|\omega_k|^2 - |\omega_1|^2)^2 + \sum_{k=1}^{n} |\omega_1^k + \omega_2^k + \cdots + \omega_{2n}^k|^2$$

则 $\deg f = 2n$．

若 $f = 0$，则

$$|\omega_1| = |\omega_2| = \cdots = |\omega_{2n}|$$

且对任意 $k \in \{1, 2, \cdots, n\}$，有

$$\omega_1^k + \omega_2^k + \cdots + \omega_{2n}^k = 0 \qquad (*)$$

设 $|\omega_1| = |\omega_2| = \cdots = |\omega_{2n}| = t$．

对于 $t = 0$，有 $2n$ 个点全部重合．

对于 $t \neq 0$，可用 $\dfrac{\omega_k}{t}$ 代替 ω_k 不改变式 $(*)$，不妨设 $t = 1$．

记 $S_k = \omega_1^k + \omega_2^k + \cdots + \omega_{2n}^k$，则 $S_1 = S_2 = \cdots = S_n = 0$．

令

$$\delta_1 = \sum_{k=1}^{2n} \omega_k, \delta_2 = \sum_{1 \leq k_1 < k_2 \leq 2n} \omega_{k_1} \omega_{k_2}, \cdots, \delta_j = \sum_{1 \leq k_1 < k_2 < \cdots < k_j \leq 2n} \omega_{k_1} \omega_{k_2} \cdots \omega_{k_j}, \cdots, \delta_{2n} = \omega_1 \omega_2 \cdots \omega_{2n}$$

(牛顿公式) 当 $1 \leq k \leq 2n$ 时

$$S_k - \delta_1 S_{k-1} + \delta_2 S_{k-2} - \cdots + (-1)^k k \delta_k = 0$$

当 $k > 2n$ 时

$$S_k - \delta_1 S_{k-1} + \delta_2 S_{k-2} - \cdots + \delta_{2n} S_{k-2n} = 0$$

由 $S_1 = S_2 = \cdots = S_n = 0$，得 $\delta_1 = 0, \delta_2 = 0, \cdots, \delta_n = 0$．对其两边同取共轭，得

$$\bar{\delta}_1 = 0, \bar{\delta}_2 = 0, \cdots, \bar{\delta}_n = 0$$

而 $\bar{\delta}_1 = \frac{1}{\omega_1} + \frac{1}{\omega_2} + \cdots + \frac{1}{\omega_{2n}} = \frac{\delta_{2n-1}}{\delta_{2n}}$，得 $\delta_{2n-1} = 0$.

类似可得 $\delta_{2n-2} = 0, \cdots, \delta_{n+1} = 0$.

故 $\omega_1, \omega_2, \cdots, \omega_{2n}$ 是 $x^{2n} = C$ 的 $2n$ 个根，此时 $2n$ 个点构成正 $2n$ 边形.

反之，若 $\omega_1, \omega_2, \cdots, \omega_{2n}$ 对应的点构成正 $2n$ 边形或全部重合时，易得 $f = 0$.

综上所述，$\deg f$ 的最小值是 $2n$.

第 2 天

4 如图 1，在锐角 $\triangle ABC$ 中，H, O 分别是垂心和外心，K 是 AH 的中点，过点 O 任作一条直线 l. 过点 B, C 作 l 的垂线，垂足分别为 P, Q.

求证：$KP + KQ \geqslant BC$.

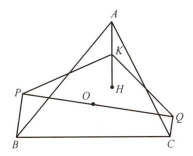

图 1

证明 如图 2，取 BC 的中点 M，则 $OM \perp BC$.

因为 $OM = \frac{1}{2} AH = AK$，$OM \,/\!/\, AK$，所以

$$\square AOMK \Rightarrow MK = AO \qquad \text{①}$$

因为

$$\angle OPB = \angle OMC = \angle OQC = 90°$$

所以 B, M, O, P 四点共圆；C, M, O, Q 四点共圆

$$\angle MPO = \angle MBO = \angle MCO = \angle MQO$$
$$\Rightarrow MP = MQ$$
$$\triangle MPQ \backsim \triangle OBC \qquad \text{②}$$

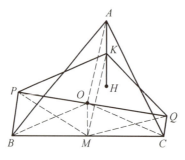

图 2

对四边形 $KPMQ$ 用托勒密不等式得
$$KP \cdot MQ + KQ \cdot MP \geqslant PQ \cdot KM$$
又由式 ② 得
$$KP + KQ \geqslant \frac{PQ}{MP} \cdot KM = \frac{BC}{OB} \cdot KM$$
$$= BC \quad (由式 ① 有 KM = AO = BO)$$

5 设 P, Q, R, S 是非常值实系数多项式,满足 $P[Q(x)] = R[S(x)]$,且 P 的次数是 R 的次数的倍数. 求证:存在实系数多项式 T,使得 $P(x) = R[T(x)]$.

证明 只需证存在实系数多项式 T,使得
$$S(x) = T[Q(x)]$$
记 $\deg P = p, \deg Q = q, \deg R = r, \deg S = s$.

比较 $P[Q(x)] = R[S(x)]$ 左右两边的次数得 $pq = rs$.

由条件有 $r \mid p$,可设 $p = rn$,其中 n 是正整数,于是 $s = qn$.

做带余除法, $S(x)$ 可表示为 $\sum_{i=0}^{n} F_i(x)[Q(x)]^i$,其中 $F_i(x)$ 是实系数多项式, $\deg F_i < q, F_n(x)$ 是常数.

假设 $F_i(x), i=0,1,2,\cdots,n$ 不全为常数. 设 $F_k(x)$ 是其使得角标 k 最大,且是非常值实系数多项式.

即当 $k < i \leqslant n$ 时, $F_i(x)$ 为常数,记为 f_i.

记 $G(x) = \sum_{i=0}^{k} F_i(x)[Q(x)]^i, H(x) = \sum_{i=k+1}^{n} f_i \cdot x^i, \deg G = g$, $\deg H = h$,则 $q \nmid g$.

考虑多项式 $L(x) = R\{G(x) + H[Q(x)]\} - R\{H[Q(x)]\}$ 的次数.

一方面, $L(x) = R[S(x)] - R\{H[Q(x)]\} = P[Q(x)] - R\{H[Q(x)]\}$ 是关于 $Q(x)$ 的多项式. 于是
$$q \mid \deg L \qquad ①$$

另一方面,设 $R(x)$ 的最高次项为 ax^r.

由
$$a\{G(x)+H[Q(x)]\}^r - a\{H[Q(x)]\}^r$$
$$=ar\{H[Q(x)]\}^{r-1}G(x)+\cdots$$
知 $\deg L=(r-1)hq+g$，又 $q \nmid g$ 得
$$g \nmid \deg L \qquad \qquad ②$$
式 ① 与式 ② 矛盾.

故 $F_i(x), i=0,1,2,\cdots,n$ 都是常数，必存在实系数多项式 T，有 $S(x)=T[Q(x)]$.

6 设 r,g,b 是非负整数，T 是一个连通图，有 $r+g+b+1$ 个顶点，边被染为红色、绿色或蓝色. 已知
(1) T 含有一个恰有 r 条红边的生成树.
(2) T 含有一个恰有 g 条绿边的生成树.
(3) T 含有一个恰有 b 条蓝边的生成树.
求证：T 含有一个恰有 r 条红边，g 条绿边和 b 条蓝边的生成树.

证明 设 $n=r+g+b$. 对正整数 n 用数学归纳法证明本题.

当 $n=1$ 时，结论显然成立.

假设对 $n=k-1, k \geq 2$ 时结论成立.

对 $n=k$ 时，设图 T 的 $r+g+b+1=k+1$ 个顶点构成集合 V.

图 T 中所含的三个生成树为 T_r, T_g, T_b，其中 T_r 恰有 r 条红边，T_g 恰有 g 条绿边，T_b 恰有 b 条蓝边.

下面考虑两种情况：

(1) 若存在将 V 划分成两个非空点集 A,B，使得对于两端点各在 A,B 的边都为同色，不妨设为红色.

由图 T 是连通图，知必有一条红边的两端点各在 A,B 中，设 e 是这样的一条边.

考虑由 $T_r \cup T_g \cup T_b$ 构成的图 X，如果该图不含 e，那么 $X \cup \{e\}$ 中必有圆，该圆含边 e，且包含另一条联结 A 和 B 的边 e'，e' 是红边. 现在去掉 e'，将边 e 退化成一个点，得到由 $r+g+b=k$ 个顶点构成的连通图 T'，且 T' 中含有三个生成树
$$T_r'=T_r \setminus \{e'\}, T_g'=T_g, T_b'=T_b$$

由归纳假设知图 T' 中有一个恰有 $r-1$ 条红边，g 条绿边和 b 条蓝边的生成树，添上 e 后，可知在图 T 中有一个恰有 r 条红边，g 条绿边和 b 条蓝边的生成树.

(2) 第一种情况的反面.

设图 T 中 r 条不构成圈的红边组成集合 R，g 条不构成圈的绿边组成集合 G，b 条不构成圈的蓝边组成集合 B.

考虑由 $R \cup G \cup B$ 构成的图,其中必有一个图 T_0 中至少划分的树的个数最小,设有 m 个.

当 $m=1$ 时,图 T_0 是一个树,且恰有 r 条红边,g 条绿边和 b 条蓝边.

当 $m \geqslant 2$ 时,由图 T_0 的顶点数不大于 $r+g+b+1$,边数是 $r+g+b$,且图 T_0 不是树,知图 T_0 中必有圈,设 C 是其中的一个圈,则 C 至少有两种颜色的边,不妨设有绿边和蓝边.

设圈 C 的顶点构成集合 A,由图 T 是连通图知 A 有点与 $B=V \backslash A$ 中的某个点相邻,则联结 A 和 B 的边至少有两种不同的颜色,其中有一条边不是绿边就是蓝边,不妨设为蓝边 e.

设 e' 是圈 C 的一条蓝边.

令 $B'=B\backslash\{e'\} \cup \{e\}$,则由 $R \cup G \cup B'$ 构成的图将会产生更小的 m. 矛盾.

故对任意正整数 n,结论都成立.

第 15 届罗马尼亚大师杯数学竞赛试题及解答

(2024 年)

第 1 天

1 设 n 是正整数. 最开始在一个 $2^n \times 2^n$ 的方格棋盘上的第一行的每个小方格内放置一枚象, 这些象从左到右依次编号: $1, 2, \cdots, 2^n$.

定义一次"跳跃"操作为同时移动所有的"象"并满足如下条件:

(1) 每一枚"象"可沿对角线方向移动任意方格;

(2) 在这次"跳跃"操作结束时, 所有的"象"恰在同一行的不同方格.

求满足下列条件的 $1, 2, \cdots, 2^n$ 的排列 σ 的总个数: 存在一系列"跳跃"操作, 使得结束时所有象都在棋盘的最后一行, 且从左至右编号为 $\sigma(1), \sigma(2), \cdots, \sigma(2^n)$.

解 第 1 步. 先研究每次跳跃可移动的行数 d 满足什么性质.

操作分为向上和向下跳跃, 本质上是对偶的.

不妨设象从第 1 行跳跃至第 $d+1$ 行, 跳跃后的象的排列为原来的象的重新排列.

第 1 行前 d 个象只能向右下方移动, 而为了占据第 $d+1$ 行前 d 个格, 第 1 行的第 $d+1$ 至 $2d$ 个象只能向左下方移动.

那么第 1 行前 $2d$ 个象为一组, 再对剩余 $2^n - 2d$ 个象讨论. $\cdots \Rightarrow 2d \mid 2^n$, 因此 $d = 2^k, k \in \{0, 1, \cdots, n-1\}$.

步长为 2^k 的跳跃: 每 2^k 个象为一组, 奇数组向右下(上), 偶数组向左下(上).

无论向上或向下,对"象"的排列影响对应置换
$$\sigma_k = (1 \quad 2^k+1)(2 \quad 2^k+2)\cdots(2^k \quad 2^{k+1}) \cdot$$
$$(2^{k+1}+1 \quad 2^{k+1}+2^k+1)\cdots$$

第2步. 研究 σ_k 能复合出怎样的 σ.

先证明 $\sigma_i\sigma_j = \sigma_j\sigma_i$ 对 $i \neq j$ 成立,不妨设 $i < j$.

事实上
$\sigma_i\sigma_j = \sigma_j\sigma_i$
$= (1 \quad 2^j+2^i+1)(2 \quad 2^j+2^i+2) \cdot \cdots \cdot$
$(2^i \quad 2^j+2^{i+1})(2^i+1 \quad 2^j+1) \cdot \cdots \cdot$
$(2^{i+1} \quad 2^j+2^i)(2^{i+1}+1 \quad 2^j+2^{i+1}+2^i+1) \cdot \cdots \cdot$
$(2^{i+1}+2^i \quad 2^j+2^{i+2})(2^{i+1}+2^i+1 \quad 2^j+2^{i+1}+1) \cdot \cdots \cdot$
$(2^{i+2} \quad 2^j+2^{i+1}+2^i)\cdots$

理解,由于 σ_i 相当于每 2^i 个象为一组,奇组向右偶组向左. 那么对 $i<j$,每 2^j 个象划为一组,σ_i 相当于在每个组内操作 $\Rightarrow$ 自然有交换律.

设一共进行了 a_k 次步长为 2^k 的向下跳跃(向上跳跃视作 -1 次向下跳跃),那么
$$a_0 + 2a_1 + \cdots + 2^{n-1}a_{n-1} = 2^n - 1, \sigma = \sigma_0^{a_0}\sigma_1^{a_1}\cdots\sigma_{n-1}^{a_{n-1}}$$
注意到 σ_k^2 为恒等映射,因此 σ 只由 a_i mod 2 决定.

任取 $a_1, a_2, \cdots, a_{n-1} \in \{0, 1\}$,都有对应的 a_0,再注意到 a_0 必为奇数,故 $(a_0, a_1, \cdots, a_{n-1})$ mod 2 的余数序列恰取到所有 $(1, \varepsilon_1, \varepsilon_2, \cdots, \varepsilon_{n-1})$,其中 $\varepsilon_i \in \{0, 1\}$ 任意,共 2^{n-1} 种.

再说明不同余数序列对应的 σ 不同. 对余数序列 $(1, \varepsilon_1, \cdots, \varepsilon_{n-1})$ 与 $(1, \delta_1, \cdots, \delta_{n-1})$,若它们不同,设 k 最大使 $\varepsilon_k \neq \delta_k$,只需说明两个置换不同.

记 $\sigma = \sigma_0\sigma_1^{\varepsilon_1}\cdots\sigma_{n-1}^{\varepsilon_{n-1}}, \sigma' = \sigma_0\sigma_1^{\delta_1}\cdots\sigma_{n-1}^{\delta_{n-1}}$. 若 $\sigma = \sigma'$,则由 k 最大性,$\varepsilon_i = \delta_i (i > k)$. 有
$$\sigma_0\sigma_1^{\varepsilon_1}\cdots\sigma_k^{\varepsilon_k} = \sigma_0\sigma_1^{\delta_1}\cdots\sigma_k^{\delta_k} = \tau$$

不妨 $\varepsilon_k = 1, \delta_k = 0$. 由(∗)对 $i < k$,操作 σ_i 后前 2^k 个象的编号集合不变. 那么 $\sigma_0\sigma_1^{\varepsilon_1}\cdots\sigma_k^{\varepsilon_k}$ 前 2^k 个象编号为 $2^k + 1 \sim 2^{k+1}$,$\sigma_0\sigma_1^{\delta_1}\cdots\sigma_k^{\delta_k}$ 前 2^k 个象编号为 $1 \sim 2^k$,矛盾.

因此不同的 σ 恰有 2^{n-1} 个.

❷ 已知奇素数 p 和正整数 N,$N < 50p$. 设 $a_1, a_2, \cdots, a_N$ 为一些小于 p 的正整数,同一数值至多出现 $\frac{51}{100}N$ 次,且 $a_1 + a_2 + \cdots + a_N$ 不被 p 整除.

证明:存在 a_i 的一个排列 $b_1, b_2, \cdots, b_N$,使得对任意的 $k = 1, 2, \cdots, N$,都有和式 $b_1 + b_2 + \cdots + b_k$ 不被 p 整除.

证明 先证如下引理.

引理：给定整数 c 及非负整数 $x_1, x_2, \cdots, x_{p-1}$, 记 $x = \max\{x_1, x_2, \cdots, x_{p-1}\}$, $S = x_1 + x_2 + \cdots + x_{p-1}$ 满足 $2x \leqslant S$. 则可以将 x_1 个 $1, x_2$ 个 $2, \cdots, x_{p-1}$ 个 $p-1$ 重新排列为 $t_1, t_2, \cdots, t_S$ 使
$$p \nmid c + t_1, p \nmid c + t_1 + t_2, \cdots, p \nmid c + t_1 + t_2 + \cdots + t_{S-1}$$

引理的证明：对 S 归纳.

$S = 0$ 平凡, $S = 1$ 不可能.

$S = 2$ 必为 $x_i = x_j = 1$, $p \nmid c + i$ 与 $p \nmid c + j$ 必有一个成立, 不妨 $p \nmid c + i$, 取 $t_1 = i, t_2 = j$.

$S = 3$ 必为 $x_i = x_j = x_k = 1$, 不妨 $p \nmid c + i, c' = c + i$. 那么 $p \nmid c' + j$ 与 $p \nmid c' + k$ 之一成立. 不妨 $p \nmid c' + j = c + i + j$, 取 $t_1 = i, t_2 = j, t_3 = k$ 即可.

假设 $S \geqslant 4$, 且 $< S$ 的情形已经讨论成立：设 $x_i = x = \max\{x_1, x_2, \cdots, x_{p-1}\}$, 且 x_j 为 $x_1, x_2, \cdots, x_{p-1}$ 中第二大的.

情形 1. 若 $p \nmid c + i$, 直接取 $t_1 = i, c' = c + i$. 设
$$x'_k = \begin{cases} x_k, & k \neq i \\ x_k - 1, & k = i \end{cases}, x' = \max\{x'_1, \cdots, x'_{p-1}\}$$

若 $2x' \leqslant S - 1$, 则用 $S - 1$ 情形归纳假设即可.

若 $2x' \geqslant S$, 又 $x' \leqslant x, 2x \leqslant S$, 知 $x' = x$ 且 $2x = S$, 必有 $x_i = x_j = x = \frac{S}{2}$. 因此必为 $\frac{S}{2}$ 个 i 与 $\frac{S}{2}$ 个 j.

(1) 若 $p \nmid c + i + j$, 取 $t_1 = i, t_2 = j$, 用 $S - 2$ 情形归纳假设.

(2) 若 $p \mid c + i + j$, 则 $p \nmid c + 2i$ 且 $p \nmid c + 2i + j$.

若 $p \nmid c + 2i + 2j$, 取 $t_1 = t_2 = i, t_3 = t_4 = j$, 用 $S - 4$ 情形归纳假设.

若 $p \mid c + 2i + 2j$, 则 $p \mid i + j, i + j = p$, 直接取 $t_1, t_2, \cdots, t_s$ 为 $i, i, j, i, j, \cdots, i, j, j$ 即可.

情形 2. 若 $p \mid c + i$, 则 $p \nmid c + j, p \nmid c + i + j$, 取 $t_1 = j, t_2 = i, c' = c + j + i$
$$x'_k = \begin{cases} x_k, & k \neq i, j \\ x_k - 1, & k = i, j \end{cases}, x' = \max\{x'_1, \cdots, x'_{p-1}\}$$

若 $2x' \leqslant S - 2$, 用 $S - 2$ 情形归纳假设.

若 $2x' \geqslant S - 1$, 由 $x' \leqslant x, 2x \leqslant S$, 知 $x' = x \in \left\{\frac{S-1}{2}, \frac{S}{2}\right\}$, 此时 $x_j = x_i = \max\{x_1, \cdots, x_{p-1}\}$ 且 $p \nmid c + j$, 转为情形 1.

回到原题. 设 $a_1, a_2, \cdots, a_N$ 中有 x_1 个 $1, x_2$ 个 $2, \cdots, x_{p-1}$ 个 $p-1$, 记 $N = x_1 + \cdots + x_{p-1}$. 设 $x_i = \max\{x_1, x_2, \cdots, x_{p-1}\}$.

若 $x_i \leqslant \frac{N}{2}$, 直接由引理 ($c = 0$) 及 $p \nmid a_1 + a_2 + \cdots + a_N$ 即可.

因此不妨 $x_i > \dfrac{N}{2}$, 设 x_j 次大.

若 $x_i - x_j < p$, 取 $b_1 = b_2 = \cdots = b_t = i$, 其中 $t = x_i - x_j < p$, 记
$$x'_k = \begin{cases} x_k, & k \neq i \\ x_k - t, & k = i \end{cases}$$
那么 $x'_i = x'_j = \max\{x'_1, \cdots, x'_{p-1}\}$, 由引理及 $p \nmid a_1 + \cdots + a_N$ 即可 (找 $b_{t+1}, \cdots, b_N$).

若 $x_i - x_j \geqslant p$, 记 $k = 2x_i - N \leqslant \dfrac{N}{50} < p$, 取
$$b_1 = \cdots = b_k = i, x'_l = \begin{cases} x_l, & l \neq i \\ x_l - k, & l = i \end{cases}$$
$$x'_i = \max\{x'_1, \cdots, x'_{p-1}\}, x'_i = x_i - k = \dfrac{N-k}{2}$$
由引理及 $p \nmid a_1 + \cdots + a_N$ 即可.

> **❸** 给定正整数 n, 称集合 S 为 n- 可行, 如果其满足以下条件:
> (1) S 的每个元素都是 $\{1, 2, \cdots, n\}$ 的三元子集;
> (2) $|S| = n - 2$;
> (3) 对任意的 $1 \leqslant k \leqslant n-2$ 和任意 k 个互不相同的 $A_1, A_2, \cdots, A_k \in S$, 有
> $$\left|\bigcup_{i=1}^{k} A_i\right| \geqslant k+2$$
> 判断以下命题是否为真: 对所有的 $n \geqslant 3$ 和所有的 n- 可行集合 S, 在平面内总存在 n 个互不相同的点 $P_1, P_2, \cdots, P_n$, 使得对集合 S 中任意元素 $\{i, j, k\}$, $\triangle P_i P_j P_k$ 每个内角都小于 $60°$.

解 命题为真.

我们证一个稍强一点的命题: 称集合 T 为 n- 好的, 是指其满足:
(1) T 的每个元素都是 $\{1, 2, \cdots, n\}$ 的三元子集;
(2) $|T| = t \leqslant n - 2$;
(3) 对任意 $1 \leqslant k \leqslant t$ 和任意 k 个互不相同的 $A_1, A_2, \cdots, A_k \in T$, 有
$$\left|\bigcup_{i=1}^{k} A_i\right| \geqslant k+2$$
则对所有 $n \geqslant 3$ 和所有 n- 好的集合 T, 在平面内总存在 n 个互不相同的点 $P_1, P_2, \cdots, P_n$, 使得对集合 T 中任意元素 $\{i, j, k\}$, $\triangle P_i P_j P_k$ 每个内角都小于 $60°$.

先证明如下引理：

引理：设 T 为一个 n-好的三元子集族，则可以用 $0,1,2$ 对 $1,2,\cdots,n$ 编号，使 $1,2,\cdots,n$ 编号不全相同，且对任意 $\{i,j,k\} \in T$，$\{i,j,k\}$ 编号全相同或互不相同.

引理的证明：对于 $1 \leqslant i \leqslant n$，设 i 编号为 $x_i \in \{0,1,2\} = \mathbf{F}_3$.

对 $\{i,j,k\} \in T$，对应方程 $x_i + x_j + x_k \equiv 0 \pmod{3}$.

结合 T 为 n-好的，上述方程必有解，且解空间维数不小于 2，那么必有不全相同的 $x_1, x_2, \cdots, x_n$，使所有 $x_i + x_j + x_k \equiv 0 \pmod 3$，$\{i,j,k\} \in T$ 成立.

回到原题，对 n 用归纳法，$n = 3,4$ 显然，以下设小于 n 时已成立.

由引理，可取 $1,2,\cdots,n$ 的一组不全相同的合适编号 $x_1, x_2, \cdots, x_n$.

$\triangle ABC$ 为一个边长为 1 的等边三角形，以 A,B,C 为圆心，10^{-100} 为半径作出 3 个圆 $\Omega_0, \Omega_1, \Omega_2$，将编号为 L 的 k 对应的 P_k 放入圆 Ω_L 内.

对 $\{i,j,k\} \in T$，若 i,j,k 编号互不相同，那么 $\triangle P_i P_j P_k$ 自动成立.

而对于每种编号内部，不妨设 $1,2,\cdots,m$ 编号为 0，T 中有 r 个三元子集 $A_1, A_2, \cdots, A_r \subseteq \{1,2,\cdots,m\}$，只关心 $r > 0$ 的情况.

由于 T 为 n-好的集合，故

$$r + 2 \leqslant \left|\bigcup_{i=1}^{r} A_i\right| \leqslant m$$

即 $r \leqslant m - 2$，$\{A_1, A_2, \cdots, A_r\}$ 作为 $\{1,2,\cdots,m\}$ 的三元子集族满足条件(2)，而条件(1)(3)自动满足，故 $\{A_1, A_2, \cdots, A_r\}$ 为 $\{1,2,\cdots,m\}$ 的 m-好的集合，可利用归纳假设构造（注意伸缩不变性）.

同样处理编号为 $1,2$ 的部分，我们得到一组合适的点 $P_1, P_2, \cdots, P_n$.

第 2 天

4 给定大于 1 的整数 a,b. 对任意正整数 n，记 r_n 为 b^n 除以 a^n 的非负余数. 若存在正整数 N，使得对任意的 $n \geqslant N$，都有 $r_n < \dfrac{2^n}{n}$，证明：$a \mid b$.

证明 记 $M = \max\{N, b+10\}$，对任意 $n \geq M$，有
$$a^n \mid b^n - r_n, a^{n+1} \mid b^{n+1} - r_{n+1}$$
则 $a^n \mid br_n - r_{n+1}$，而
$$\mid br_n - r_{n+1} \mid \leq \max\{br_n, r_{n+1}\} \leq \max\left\{b \cdot \frac{2^n}{n}, \frac{2^{n+1}}{n+1}\right\} < a^n$$
那么 $br_n - r_{n+1} = 0$，即 $r_{n+1} = br_n$。

对任意正整数 k
$$a^{M+k} \mid b^{M+k} - r_{M+k} = b^{M+k} - b^k r_M = b^k \cdot (b^M - r_M)$$
若 $a \nmid b$，则存在素数 p
$$v_p(a) \geq v_p(b) + 1, b^M - r_M > b^M - \frac{2^M}{M} > 0$$
记 $\alpha = v_p(b^M - r_M)$，对于 $k > \alpha$
$$v_p(a^{M+k}) \leq v_p[b^k(b^M - r_M)]$$
则
$$\alpha \geq (M+k)v_p(a) - k v_p(b) \geq k$$
矛盾！

因此 $a \mid b$。

---

⑤ 在同一平面内，BC 为给定线段，动点 A 不在直线 BC 上，X 和 Y 分别为射线 $\overrightarrow{CA}$，射线 $\overrightarrow{BA}$ 上不重合的两点，满足 $\angle CBX = \angle YCB = \angle BAC$。若 $\triangle ABC$ 外接圆在 B 和 C 处的切线分别交直线 XY 于 P 和 Q，点 X, P, Y, Q 互不重合，且位于直线 BC 同侧。圆 Ω_1 经过 X, P 且圆心在 BC 上。类似地，圆 Ω_2 经过点 Y, Q 且圆心在 BC 上。

证明：当点 A 运动时，圆 Ω_1 和圆 Ω_2 始终交于两定点。

证法 1 注意到，若 $\angle A = 90°$，则 X, P 重合，Y, Q 重合，矛盾！

因此 $\angle A \neq 90°$，可设点 B 处的切线与点 C 处的切线相交于点 $T, TB = TC$。

如图 1，作出两个等边三角形 $\triangle BLC$ 与 $\triangle BL'C$，A 与 L 在 BC 同侧。L, T, L' 共线为 BC 中垂线。作出 X 关于 BC 的对称点 X'，则 $LXX'L'$ 为等腰梯形。注意到
$$\angle X'BC = \angle XBC = \angle BAC = \angle TBC$$
则 X' 在 BT 上。

以下说明 P, L, X', L' 共圆，只需 $TX' \cdot TP = TL \cdot TL'$。

取 BC 中点 M，有
$$TL \cdot TL' = ML^2 - MT^2 = BL^2 - BT^2 = BC^2 - BT^2$$

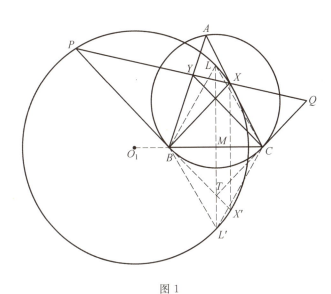

图 1

又
$$TX' = BX - BT, TP = BT + BP$$
则
$$TX' \cdot TP = BX \cdot TP - BT \cdot BP - BT^2$$

注意到 $TB \parallel CY, TC \parallel BX$，则 $\triangle PBX$ 与 $\triangle YCQ$ 位似
$$BP \cdot CQ = BX \cdot CY$$

由 $\angle CBX = \angle YCB = \angle BAC$，知 $\triangle BCY \backsim \triangle BAC \backsim \triangle XBC$，那么
$$BX \cdot CY = BC^2$$

由 $\triangle BXP \backsim \triangle TQP$，知 $BX \cdot TP = TQ \cdot BP$. 从而
$$\begin{aligned} TX' \cdot TP &= BX \cdot TP - BT \cdot BP - BT^2 \\ &= BP \cdot (TQ - TB) - BT^2 \\ &= BP \cdot CQ - BT^2 \\ &= BC^2 - BT^2 \end{aligned}$$

因此
$$TX' \cdot TP = TL \cdot TL' = BC^2 - BT^2$$

故 P, L, X', L' 四点共圆.

又 L, X, X', L' 四点共圆，知 P, L, X, X', L' 五点共圆，圆心在 BC 上，即为圆 Ω_1，那么 Ω_1 过点 L, L'，圆 Ω_2 同理.

因此圆 Ω_1, Ω_2 交于两定点 L, L'.

证法 2 记号同证法 1，有
$$BL^2 = BL'^2 = BC^2 = BY \cdot BA, CL^2 = CL'^2 = CB^2 = CX \cdot CA$$

如图 2，设 $BX \cap CY = N, \angle NBC = \angle NCB = \angle BAC$，则 $NB = NC, L, N, T, L'$ 四点共线于 BC 的中垂线，且四边形 $BNCT$ 为菱形.

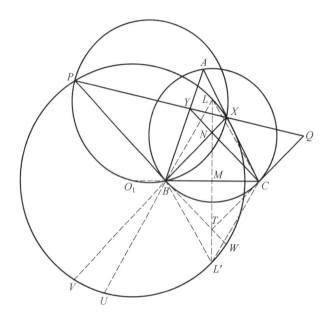

图 2

注意到
$$\angle XLY = \angle BLC + \angle CLX + \angle BLY$$
$$= 60° + \angle CAL + \angle BAL$$
$$= 60° + \angle BAC$$
$$\angle XL'Y = \angle BL'C - \angle BL'Y - \angle CL'X = 60° - \angle BAC$$
$$\angle XNY = 180° - 2\angle BAC$$

一个重要的发现是 L, L' 为 $\triangle NXY$ 的等角共轭点.

事实上,设 L'' 为 L 关于 $\triangle NXY$ 的等角共轭点,则 $\angle L''YN = \angle LYX$. 那么
$$\angle XL''Y = \angle XNY - \angle L''XN - \angle L''YN$$
$$= 180° - 2\angle BAC - \angle LXY - \angle LYX$$
$$= \angle XLY - 2\angle BAC = 60° - \angle BAC$$
$$= \angle XL'Y$$

而 LL' 平分 $\angle XNY$,则 L'' 在 LL' 上,$L' = L''$.

那么 $LX, L'X$ 为 $\angle BXP$ 等角线,$LB, L'B$ 为 $\angle TBN$ 等角线,那么也为 $\angle PBX$ 等角线,故 L, L' 关于 $\triangle BPX$ 等角共轭.

再注意到 $BL = BL'$,那么应有 $PLXL'$ 共圆且为 $\triangle BXP$ 的 "鸡爪圆",圆心为 $\overset{\frown}{PBX}$ 中点 O_1,半径为 O_1P.

事实上,作出 $\triangle PLX$ 的外接圆与 BL 再次交于点 U,与 BX 再次交于点 V,与 BP 再次交于点 W. 则 $\triangle BXL' \backsim \triangle BUP$,且
$$BP \cdot BX = BU \cdot BL' = BU \cdot BL = BX \cdot BV$$
则 $BP = BV$,同理 $BW = BX$,那么圆 PLX 为 "鸡爪圆".

圆 $PL'X$ 同理,则 P, L, L', X 四点共圆.

6 我们称整系数多项式 P 是无平方因子的,如果其不能表示为 $P=Q^2R$ 的形式,这里 Q,R 为整系数多项式,且 Q 不为常函数.

对于正整数 n,记 P_n 为如下形式的多项式组成的集合
$$1+a_1x+a_2x^2+\cdots+a_nx^n$$
这里 $a_1,a_2,\cdots,a_n \in \{0,1\}$. 证明:存在整数 N,使得对任意整数 $n \geqslant N$,P_n 中超过 99% 的多项式是无平方因子的.

证明 步骤 1:先在 $\mathbf{F}_2$ 上看,解决 $\deg Q$ 较大的情况.

可不妨设
$$Q(x)=1+b_1x+\cdots+b_kx^k, R(x)=1+c_1x+\cdots+c_mx^m$$
其中 b_k,c_m 可以为 0,$2k+m=n$.

注意到 $a_i \in \{0,1\}$ 由 $a_i \bmod 2$ 唯一确定,因此这种 $P(x)$ 的占比不大于 $\dfrac{2^{k+m}}{2^n}=\dfrac{1}{2^k}$.

步骤 2:再统一处理 $\deg Q$ 较小情况,其中
$$Q(x)=1+b_1x+\cdots+b_{k-1}x^{k-1}+x^k$$

熟知对任一 $w,P(w)=0$,有 $|w|<2$.

设 $Q(x)$ 的根为 $w_1,w_2,\cdots,w_k$,$|w_j|<2$,则
$$|b_{k-l}|=\left|\sum_{i_1<i_2<\cdots<i_l}w_{i_1}w_{i_2}\cdots w_{i_l}\right|\leqslant 2^l\cdot\binom{k}{l}\leqslant 2^{l+k}<2^{2k}$$
其中 $l=1,2,\cdots,k-1$.

当 k 确定时,这样的 $Q(x)$ 至多有 $(2^{2k+1})^k=2^{2k^2+k}$ 个.

因此我们只需要完成如下引理:

引理:设 $Q(x)$ 为一个整系数多项式,$Q(0)=1$ 且 $\deg Q \geqslant 1$,则有
$$\lim_{n \to \infty}\frac{|\{P(x)\in P_n \mid Q(x)^2 \text{ 为 } P(x) \text{ 因式}\}|}{2^n}=0$$

引理的证明:对于 $P(x) \in P_n$,记 $\boldsymbol{\alpha}_P=(a_1,a_2,\cdots,a_n)$.

设 $P(x) \neq P_1(x) \in P_n$ 满足
$$Q(x)^2 \mid P(x), Q(x)^2 \mid P_1(x)$$
$$\boldsymbol{\alpha}_P=(a_1,\cdots,a_n), \boldsymbol{\alpha}_{P_1}=(a'_1,\cdots,a'_n)$$

对于 $\boldsymbol{x}=(x_1,x_2,\cdots,x_n), \boldsymbol{y}=(y_1,y_2,\cdots,y_n)\in\{0,1\}^n$,用 $\text{dist}(\boldsymbol{x},\boldsymbol{y})$ 表示 $\sum_{i=1}^{n}|x_i-y_i|$. 我们将说明
$$\text{dist}(\boldsymbol{\alpha}_P,\boldsymbol{\alpha}_{P_1})\geqslant 3$$

(1) 若 $\text{dist}(\boldsymbol{\alpha}_P,\boldsymbol{\alpha}_{P_1})=1$,则
$$Q(x)^2 \mid P(x)-P_1(x)=\pm x^L, 1\leqslant L\leqslant n$$

而 $Q(0) = 1 \neq 0$,矛盾.

(2) 若 $\text{dist}(\boldsymbol{\alpha}_P, \boldsymbol{\alpha}_{P_1}) = 2$,则 $Q(x)^2 \mid P(x) - P_1(x)$,可知
$$Q(x)^2 \mid x^L \cdot (x^l \pm 1), 1 \leqslant L, l \leqslant n$$
其中 $x^L \cdot (x^l \pm 1)$ 不含除 0 外的重根,矛盾.

因此 $\text{dist}(\boldsymbol{\alpha}_P, \boldsymbol{\alpha}_{P_1}) \geqslant 3$.

设
$$\{P(x) \in P_n \mid Q(x)^2 \text{ 为 } P(x) \text{ 因式}\} = A_n$$
$$= \{P_1(x), P_2(x), \cdots, P_t(x)\}$$
$\boldsymbol{\alpha}_{P_i}$ 简记为 $\boldsymbol{\beta}_i$. 记
$$S_i = \{\boldsymbol{x} \in \{0,1\}^n \mid \text{dist}(\boldsymbol{x}, \boldsymbol{\beta}_i) \leqslant 1\}$$
则 $|S_i| = n+1$. 且由 $\text{dist}(\boldsymbol{\beta}_i, \boldsymbol{\beta}_j) \geqslant 3$,知 $S_i \cap S_j = \varnothing (i \neq j)$,那么
$$t(n+1) \leqslant 2^n, \frac{|A_n|}{2^n} \leqslant \frac{1}{n+1}$$
对任意 n 成立. 则
$$\lim_{n \to \infty} \frac{|A_n|}{2^n} = 0$$

由引理,设 $n \geqslant N$ 时,$\frac{|A_n|}{2^n} \leqslant 2^{-10\,000}$,对
$$Q(x) = 1 + b_1 x + \cdots + b_{k-1} x^{k-1} + x^k$$
当 $k \leqslant 9$ 时,这样可能的 Q 一共不大于 $10 \times 2^{2 \times 9^2 + 9} \leqslant 2^{1\,000}$,因此含平方因子的 $P(x) \in P_n$ 占比不大于
$$2^{1\,000} \cdot 2^{-10\,000} + \sum_{k=10}^{n} \frac{1}{2^k} < \frac{1}{100}$$
成立.

刘培杰数学工作室
已出版(即将出版)图书目录——初等数学

书　　名	出版时间	定　价	编号
新编中学数学解题方法全书(高中版)上卷(第2版)	2018—08	58.00	951
新编中学数学解题方法全书(高中版)中卷(第2版)	2018—08	68.00	952
新编中学数学解题方法全书(高中版)下卷(一)(第2版)	2018—08	58.00	953
新编中学数学解题方法全书(高中版)下卷(二)(第2版)	2018—08	58.00	954
新编中学数学解题方法全书(高中版)下卷(三)(第2版)	2018—08	68.00	955
新编中学数学解题方法全书(初中版)上卷	2008—01	28.00	29
新编中学数学解题方法全书(初中版)中卷	2010—07	38.00	75
新编中学数学解题方法全书(高考复习卷)	2010—01	48.00	67
新编中学数学解题方法全书(高考真题卷)	2010—01	38.00	62
新编中学数学解题方法全书(高考精华卷)	2011—03	68.00	118
新编平面解析几何解题方法全书(专题讲座卷)	2010—01	18.00	61
新编中学数学解题方法全书(自主招生卷)	2013—08	88.00	261
数学奥林匹克与数学文化(第一辑)	2006—05	48.00	4
数学奥林匹克与数学文化(第二辑)(竞赛卷)	2008—01	48.00	19
数学奥林匹克与数学文化(第二辑)(文化卷)	2008—07	58.00	36'
数学奥林匹克与数学文化(第三辑)(竞赛卷)	2010—01	48.00	59
数学奥林匹克与数学文化(第四辑)(竞赛卷)	2011—08	58.00	87
数学奥林匹克与数学文化(第五辑)	2015—06	98.00	370
世界著名平面几何经典著作钩沉——几何作图专题卷(共3卷)	2022—01	198.00	1460
世界著名平面几何经典著作钩沉(民国平面几何老课本)	2011—03	38.00	113
世界著名平面几何经典著作钩沉(建国初期平面三角老课本)	2015—08	38.00	507
世界著名解析几何经典著作钩沉——平面解析几何卷	2014—01	38.00	264
世界著名数论经典著作钩沉(算术卷)	2012—01	28.00	125
世界著名数学经典著作钩沉——立体几何卷	2011—02	28.00	88
世界著名三角学经典著作钩沉(平面三角卷Ⅰ)	2010—06	28.00	69
世界著名三角学经典著作钩沉(平面三角卷Ⅱ)	2011—01	38.00	78
世界著名初等数论经典著作钩沉(理论和实用算术卷)	2011—07	38.00	126
世界著名几何经典著作钩沉(解析几何卷)	2022—10	68.00	1564
发展你的空间想象力(第3版)	2021—01	98.00	1464
空间想象力进阶	2019—05	68.00	1062
走向国际数学奥林匹克的平面几何试题诠释.第1卷	2019—07	88.00	1043
走向国际数学奥林匹克的平面几何试题诠释.第2卷	2019—09	78.00	1044
走向国际数学奥林匹克的平面几何试题诠释.第3卷	2019—03	78.00	1045
走向国际数学奥林匹克的平面几何试题诠释.第4卷	2019—09	98.00	1046
平面几何证明方法全书	2007—08	48.00	1
平面几何证明方法全书习题解答(第2版)	2006—12	18.00	10
平面几何天天练上卷·基础篇(直线型)	2013—01	58.00	208
平面几何天天练中卷·基础篇(涉及圆)	2013—01	28.00	234
平面几何天天练下卷·提高篇	2013—01	58.00	237
平面几何专题研究	2013—07	98.00	258
平面几何解题之道.第1卷	2022—05	38.00	1494
几何学习题集	2020—10	48.00	1217
通过解题学代数几何	2021—04	88.00	1301
圆锥曲线的奥秘	2022—06	88.00	1541

— 1 —

刘培杰数学工作室
已出版(即将出版)图书目录——初等数学

书　名	出版时间	定　价	编号
最新世界各国数学奥林匹克中的平面几何试题	2007—09	38.00	14
数学竞赛平面几何典型题及新颖解	2010—07	48.00	74
初等数学复习及研究(平面几何)	2008—09	68.00	38
初等数学复习及研究(立体几何)	2010—06	38.00	71
初等数学复习及研究(平面几何)习题解答	2009—01	58.00	42
几何学教程(平面几何卷)	2011—03	68.00	90
几何学教程(立体几何卷)	2011—07	68.00	130
几何变换与几何证题	2010—06	88.00	70
计算方法与几何证题	2011—06	28.00	129
立体几何技巧与方法(第2版)	2022—10	168.00	1572
几何瑰宝——平面几何500名题暨1500条定理(上、下)	2021—07	168.00	1358
三角形的解法与应用	2012—07	18.00	183
近代的三角形几何学	2012—07	48.00	184
一般折线几何学	2015—08	48.00	503
三角形的五心	2009—06	28.00	51
三角形的六心及其应用	2015—10	68.00	542
三角形趣谈	2012—08	28.00	212
解三角形	2014—01	28.00	265
探秘三角形:一次数学旅行	2021—10	68.00	1387
三角学专门教程	2014—09	28.00	387
图天下几何新题试卷.初中(第2版)	2017—11	58.00	855
圆锥曲线习题集(上册)	2013—06	68.00	255
圆锥曲线习题集(中册)	2015—01	78.00	434
圆锥曲线习题集(下册·第1卷)	2016—10	78.00	683
圆锥曲线习题集(下册·第2卷)	2018—01	98.00	853
圆锥曲线习题集(下册·第3卷)	2019—10	128.00	1113
圆锥曲线的思想方法	2021—08	48.00	1379
圆锥曲线的八个主要问题	2021—10	48.00	1415
论九点圆	2015—05	88.00	645
论圆的几何学	2024—06	48.00	1736
近代欧氏几何学	2012—03	48.00	162
罗巴切夫斯基几何学及几何基础概要	2012—07	28.00	188
罗巴切夫斯基几何学初步	2015—06	28.00	474
用三角、解析几何、复数、向量计算解数学竞赛几何题	2015—03	48.00	455
用解析法研究圆锥曲线的几何理论	2022—05	48.00	1495
美国中学几何教程	2015—04	88.00	458
三线坐标与三角形特征点	2015—04	98.00	460
坐标几何学基础.第1卷,笛卡儿坐标	2021—08	48.00	1398
坐标几何学基础.第2卷,三线坐标	2021—09	28.00	1399
平面解析几何方法与研究(第1卷)	2015—05	28.00	471
平面解析几何方法与研究(第2卷)	2015—06	38.00	472
平面解析几何方法与研究(第3卷)	2015—07	28.00	473
解析几何研究	2015—01	38.00	425
解析几何学教程.上	2016—01	38.00	574
解析几何学教程.下	2016—01	38.00	575
几何学基础	2016—01	58.00	581
初等几何研究	2015—02	58.00	444
十九和二十世纪欧氏几何学中的片段	2017—01	58.00	696
平面几何中考.高考.奥数一本通	2017—07	28.00	820
几何学简史	2017—08	28.00	833
四面体	2018—01	48.00	880
平面几何证明方法思路	2018—12	68.00	913
折纸中的几何练习	2022—09	48.00	1559
中学新几何学(英文)	2022—10	98.00	1562
线性代数与几何	2023—04	68.00	1633

刘培杰数学工作室
已出版(即将出版)图书目录——初等数学

书 名	出版时间	定 价	编号
四面体几何学引论	2023—06	68.00	1648
平面几何图形特性新析.上篇	2019—01	68.00	911
平面几何图形特性新析.下篇	2018—06	88.00	912
平面几何范例多解探究.上篇	2018—04	48.00	910
平面几何范例多解探究.下篇	2018—12	68.00	914
从分析解题过程学解题:竞赛中的几何问题研究	2018—07	68.00	946
从分析解题过程学解题:竞赛中的向量几何与不等式研究(全2册)	2019—06	138.00	1090
从分析解题过程学解题:竞赛中的不等式问题	2021—01	48.00	1249
二维、三维欧氏几何的对偶原理	2018—12	38.00	990
星形大观及闭折线论	2019—03	68.00	1020
立体几何的问题和方法	2019—11	58.00	1127
三角代换论	2021—05	58.00	1313
俄罗斯平面几何问题集	2009—08	88.00	55
俄罗斯立体几何问题集	2014—03	58.00	283
俄罗斯几何大师——沙雷金论数学及其他	2014—01	48.00	271
来自俄罗斯的5000道几何习题及解答	2011—03	58.00	89
俄罗斯初等数学问题集	2012—05	38.00	177
俄罗斯函数问题集	2011—03	38.00	103
俄罗斯组合分析问题集	2011—01	48.00	79
俄罗斯初等数学万题选——三角卷	2012—11	38.00	222
俄罗斯初等数学万题选——代数卷	2013—08	68.00	225
俄罗斯初等数学万题选——几何卷	2014—01	68.00	226
俄罗斯《量子》杂志数学征解问题100题选	2018—08	48.00	969
俄罗斯《量子》杂志数学征解问题又100题选	2018—08	48.00	970
俄罗斯《量子》杂志数学征解问题	2020—05	48.00	1138
463个俄罗斯几何老问题	2012—01	28.00	152
《量子》数学短文精粹	2018—09	38.00	972
用三角、解析几何等计算解来自俄罗斯的几何题	2019—11	88.00	1119
基谢廖夫平面几何	2022—01	48.00	1461
基谢廖夫立体几何	2023—04	48.00	1599
数学:代数、数学分析和几何(10—11年级)	2021—01	48.00	1250
直观几何学:5—6年级	2022—04	58.00	1508
几何学:第2版.7—9年级	2023—08	68.00	1684
平面几何:9—11年级	2022—10	48.00	1571
立体几何.10—11年级	2022—01	58.00	1472
几何快递	2024—05	48.00	1697
谈谈素数	2011—03	18.00	91
平方和	2011—03	18.00	92
整数论	2011—05	38.00	120
从整数谈起	2015—10	28.00	538
数与多项式	2016—01	38.00	558
谈谈不定方程	2011—05	28.00	119
质数漫谈	2022—07	68.00	1529
解析不等式新论	2009—06	68.00	48
建立不等式的方法	2011—03	98.00	104
数学奥林匹克不等式研究(第2版)	2020—07	68.00	1181
不等式研究(第三辑)	2023—08	198.00	1673
不等式的秘密(第一卷)(第2版)	2014—02	38.00	286
不等式的秘密(第二卷)	2014—01	38.00	268
初等不等式的证明方法	2010—06	38.00	123
初等不等式的证明方法(第二版)	2014—11	38.00	407
不等式·理论·方法(基础卷)	2015—07	38.00	496
不等式·理论·方法(经典不等式卷)	2015—07	38.00	497
不等式·理论·方法(特殊类型不等式卷)	2015—07	48.00	498
不等式探究	2016—03	38.00	582
不等式探秘	2017—01	88.00	689

刘培杰数学工作室
已出版（即将出版）图书目录——初等数学

书 名	出版时间	定 价	编号
四面体不等式	2017—01	68.00	715
数学奥林匹克中常见重要不等式	2017—09	38.00	845
三正弦不等式	2018—09	98.00	974
函数方程与不等式：解法与稳定性结果	2019—04	68.00	1058
数学不等式.第1卷,对称多项式不等式	2022—05	78.00	1455
数学不等式.第2卷,对称有理不等式与对称无理不等式	2022—05	88.00	1456
数学不等式.第3卷,循环不等式与非循环不等式	2022—05	88.00	1457
数学不等式.第4卷,Jensen不等式的扩展与加细	2022—05	88.00	1458
数学不等式.第5卷,创建不等式与解不等式的其他方法	2022—05	88.00	1459
不定方程及其应用.上	2018—12	58.00	992
不定方程及其应用.中	2019—01	78.00	993
不定方程及其应用.下	2019—02	98.00	994
Nesbitt不等式加强式的研究	2022—06	128.00	1527
最值定理与分析不等式	2023—02	78.00	1567
一类积分不等式	2023—02	88.00	1579
邦费罗尼不等式及概率应用	2023—05	58.00	1637
同余理论	2012—05	38.00	163
[x]与{x}	2015—04	48.00	476
极值与最值.上卷	2015—06	28.00	486
极值与最值.中卷	2015—06	38.00	487
极值与最值.下卷	2015—06	28.00	488
整数的性质	2012—11	38.00	192
完全平方数及其应用	2015—08	78.00	506
多项式理论	2015—10	88.00	541
奇数、偶数、奇偶分析法	2018—01	98.00	876
历届美国中学生数学竞赛试题及解答(第一卷)1950—1954	2014—07	18.00	277
历届美国中学生数学竞赛试题及解答(第二卷)1955—1959	2014—04	18.00	278
历届美国中学生数学竞赛试题及解答(第三卷)1960—1964	2014—06	18.00	279
历届美国中学生数学竞赛试题及解答(第四卷)1965—1969	2014—04	28.00	280
历届美国中学生数学竞赛试题及解答(第五卷)1970—1972	2014—06	18.00	281
历届美国中学生数学竞赛试题及解答(第六卷)1973—1980	2017—07	18.00	768
历届美国中学生数学竞赛试题及解答(第七卷)1981—1986	2015—01	18.00	424
历届美国中学生数学竞赛试题及解答(第八卷)1987—1990	2017—05	18.00	769
历届国际数学奥林匹克试题集	2023—09	158.00	1701
历届中国数学奥林匹克试题集(第3版)	2021—10	58.00	1440
历届加拿大数学奥林匹克试题集	2012—08	38.00	215
历届美国数学奥林匹克试题集	2023—08	98.00	1681
历届波兰数学竞赛试题集.第1卷,1949～1963	2015—03	18.00	453
历届波兰数学竞赛试题集.第2卷,1964～1976	2015—03	18.00	454
历届巴尔干数学奥林匹克试题集	2015—05	38.00	466
历届CGMO试题及解答	2024—03	48.00	1717
保加利亚数学奥林匹克	2014—10	38.00	393
圣彼得堡数学奥林匹克试题集	2015—01	38.00	429
匈牙利奥林匹克数学竞赛题解.第1卷	2016—05	28.00	593
匈牙利奥林匹克数学竞赛题解.第2卷	2016—05	28.00	594
历届美国数学邀请赛试题集(第2版)	2017—10	78.00	851
全美高中数学竞赛：纽约州数学竞赛(1989—1994)	2024—08	48.00	1740
普林斯顿大学数学竞赛	2016—06	38.00	669
亚太地区数学奥林匹克竞赛题	2015—07	18.00	492
日本历届(初级)广中杯数学竞赛试题及解答.第1卷(2000～2007)	2016—05	28.00	641
日本历届(初级)广中杯数学竞赛试题及解答.第2卷(2008～2015)	2016—05	38.00	642
越南数学奥林匹克题选：1962—2009	2021—07	48.00	1370
欧洲女子数学奥林匹克	2024—04	48.00	1723
360个数学竞赛问题	2016—08	58.00	677

— 4 —

刘培杰数学工作室
已出版(即将出版)图书目录——初等数学

书　　名	出版时间	定价	编号
奥数最佳实战题.上卷	2017—06	38.00	760
奥数最佳实战题.下卷	2017—05	58.00	761
解决问题的策略	2024—08	48.00	1742
哈尔滨市早期中学数学竞赛试题汇编	2016—07	28.00	672
全国高中数学联赛试题及解答:1981—2019(第4版)	2020—07	138.00	1176
2024年全国高中数学联合竞赛模拟题集	2024—01	38.00	1702
20世纪50年代全国部分城市数学竞赛试题汇编	2017—07	28.00	797
国内外数学竞赛题及精解:2018~2019	2020—08	45.00	1192
国内外数学竞赛题及精解:2019~2020	2021—11	58.00	1439
许康华竞赛优学精选集.第一辑	2018—08	68.00	949
天问叶班数学问题征解100题.Ⅰ,2016—2018	2019—05	88.00	1075
天问叶班数学问题征解100题.Ⅱ,2017—2019	2020—07	98.00	1177
美国初中数学竞赛:AMC8准备(共6卷)	2019—07	138.00	1089
美国高中数学竞赛:AMC10准备(共6卷)	2019—08	158.00	1105
王连笑教你怎样学数学:高考选择题解题策略与客观题实用训练	2014—01	48.00	262
王连笑教你怎样学数学:高考数学高层次讲座	2015—02	48.00	432
高考数学的理论与实践	2009—08	38.00	53
高考数学核心题型解题方法与技巧	2010—01	28.00	86
高考思维新平台	2014—03	38.00	259
高考数学压轴题解题诀窍(上)(第2版)	2018—01	58.00	874
高考数学压轴题解题诀窍(下)(第2版)	2018—01	48.00	875
突破高考数学新定义创新压轴题	2024—08	88.00	1741
北京市五区文科数学三年高考模拟题详解:2013~2015	2015—08	48.00	500
北京市五区理科数学三年高考模拟题详解:2013~2015	2015—09	68.00	505
向量法巧解数学高考题	2009—08	28.00	54
高中数学课堂教学的实践与反思	2021—11	48.00	791
数学高考参考	2016—01	78.00	589
新课程标准高考数学解答各种题型解法指导	2020—08	78.00	1196
全国及各省市高考数学试题审题要津与解法研究	2015—02	48.00	450
高中数学章节起始课的教学研究与案例设计	2019—05	28.00	1064
新课标高考数学——五年试题分章详解(2007~2011)(上、下)	2011—10	78.00	140,141
全国中考数学压轴题审题要津与解法研究	2013—04	78.00	248
新编全国及各省市中考数学压轴题审题要津与解法研究	2014—05	58.00	342
全国及各省市5年中考数学压轴题审题要津与解法研究(2015版)	2015—04	58.00	462
中考数学专题总复习	2007—04	28.00	6
中考数学较难题常考题型解题方法与技巧	2016—09	48.00	681
中考数学难题常考题型解题方法与技巧	2016—09	48.00	682
中考数学中档题常考题型解题方法与技巧	2017—08	68.00	835
中考数学选择填空压轴好题妙解365	2024—01	80.00	1698
中考数学:三类重点考题的解法例析与习题	2020—04	48.00	1140
中小学数学的历史文化	2019—11	48.00	1124
小升初衔接数学	2024—06	68.00	1734
赢在小升初——数学	2024—08	78.00	1739
初中平面几何百题多思创新解	2020—01	58.00	1125
初中数学中考备考	2020—01	58.00	1126
高考数学之九章演义	2019—08	68.00	1044
高考数学之难题谈笑间	2022—06	68.00	1519
化学可以这样学:高中化学知识方法智慧感悟疑难辨析	2019—07	58.00	1103
如何成为学习高手	2019—09	58.00	1107
高考数学:经典真题分类解析	2020—04	78.00	1134
高考数学解答题破解策略	2020—11	58.00	1221
从分析解题过程学解题:高考压轴题与竞赛题之关系探究	2020—08	88.00	1179
从分析解题过程学解题:数学高考与竞赛的互联互通探究	2024—06	88.00	1735
教学新思考:单元整体视角下的初中数学教学设计	2021—03	58.00	1278
思维再拓展:2020年经典几何题的多解探究与思考	即将出版		1279
中考数学小压轴汇编初讲	2017—07	48.00	788
中考数学大压轴专题微言	2017—09	48.00	846

刘培杰数学工作室
已出版(即将出版)图书目录——初等数学

书　名	出版时间	定　价	编号
怎么解中考平面几何探索题	2019—06	48.00	1093
北京中考数学压轴题解题方法突破(第9版)	2024—01	78.00	1645
助你高考成功的数学解题智慧:知识是智慧的基础	2016—01	58.00	596
助你高考成功的数学解题智慧:错误是智慧的试金石	2016—04	58.00	643
助你高考成功的数学解题智慧:方法是智慧的推手	2016—04	68.00	657
高考数学奇思妙解	2016—04	38.00	610
高考数学解题策略	2016—05	48.00	670
数学解题泄天机(第2版)	2017—10	48.00	850
高中物理教学讲义	2018—01	48.00	871
高中物理教学讲义:全模块	2022—03	98.00	1492
高中物理答疑解惑65篇	2021—11	48.00	1462
中学物理基础问题解析	2020—08	48.00	1183
初中数学、高中数学脱节知识补缺教材	2017—06	48.00	766
高考数学客观题解题方法和技巧	2017—10	38.00	847
十年高考数学精品试题审题要津与解法研究	2021—10	98.00	1427
中国历届高考数学试题及解答.1949—1979	2018—01	38.00	877
历届中国高考数学试题及解答.第二卷,1980—1989	2018—10	28.00	975
历届中国高考数学试题及解答.第三卷,1990—1999	2018—10	48.00	976
跟我学解高中数学题	2018—07	58.00	926
中学数学研究的方法及案例	2018—05	58.00	869
高考数学抢分技能	2018—07	68.00	934
高一新生常用数学方法和重要数学思想提升教材	2018—06	38.00	921
高考数学全国卷六道解答题常考题型解题诀窍:理科(全2册)	2019—07	78.00	1101
高考数学全国卷16道选择、填空题常考题型解题诀窍.理科	2018—09	88.00	971
高考数学全国卷16道选择、填空题常考题型解题诀窍.文科	2020—01	88.00	1123
高中数学一题多解	2019—06	58.00	1087
历届中国高考数学试题及解答:1917—1999	2021—08	98.00	1371
2000～2003年全国及各省市高考数学试题及解答	2022—05	88.00	1499
2004年全国及各省市高考数学试题及解答	2023—08	78.00	1500
2005年全国及各省市高考数学试题及解答	2023—08	78.00	1501
2006年全国及各省市高考数学试题及解答	2023—08	88.00	1502
2007年全国及各省市高考数学试题及解答	2023—08	98.00	1503
2008年全国及各省市高考数学试题及解答	2023—08	88.00	1504
2009年全国及各省市高考数学试题及解答	2023—08	88.00	1505
2010年全国及各省市高考数学试题及解答	2023—08	98.00	1506
2011～2017年全国及各省市高考数学试题及解答	2024—01	78.00	1507
2018～2023年全国及各省市高考数学试题及解答	2024—03	78.00	1709
突破高原:高中数学解题思维探究	2021—08	48.00	1375
高考数学中的"取值范围"	2021—10	48.00	1429
新课程标准高中数学各种题型解法大全.必修一分册	2021—06	58.00	1315
新课程标准高中数学各种题型解法大全.必修二分册	2022—01	68.00	1471
高中数学各种题型解法大全.选择性必修一分册	2022—06	68.00	1525
高中数学各种题型解法大全.选择性必修二分册	2023—01	58.00	1600
高中数学各种题型解法大全.选择性必修三分册	2023—04	48.00	1643
高中数学专题研究	2024—05	88.00	1722
历届全国初中数学竞赛经典试题详解	2023—04	88.00	1624
孟祥礼高考数学精刷精解	2023—06	98.00	1663
新编640个世界著名数学智力趣题	2014—01	88.00	242
500个最新世界著名数学智力趣题	2008—06	48.00	3
400个最新世界著名数学最值问题	2008—09	48.00	36
500个世界著名数学征解问题	2009—06	48.00	52
400个中国最佳初等数学征解老问题	2010—01	48.00	60
500个俄罗斯数学经典老题	2011—01	28.00	81
1000个国外中学物理好题	2012—04	48.00	174
300个日本高考数学题	2012—05	38.00	142
700个早期日本高考数学试题	2017—02	88.00	752

— 6 —

刘培杰数学工作室
已出版(即将出版)图书目录——初等数学

书　名	出版时间	定　价	编号
500个前苏联早期高考数学试题及解答	2012—05	28.00	185
546个早期俄罗斯大学生数学竞赛题	2014—03	38.00	285
548个来自美苏的数学好问题	2014—11	28.00	396
20所苏联著名大学早期入学试题	2015—02	18.00	452
161道德国工科大学生必做的微分方程习题	2015—05	28.00	469
500个德国工科大学生必做的高数习题	2015—06	28.00	478
360个数学竞赛问题	2016—08	58.00	677
200个趣味数学故事	2018—02	48.00	857
470个数学奥林匹克中的最值问题	2018—10	88.00	985
德国讲义日本考题.微积分卷	2015—04	48.00	456
德国讲义日本考题.微分方程卷	2015—04	38.00	457
二十世纪中叶中、英、美、日、法、俄高考数学试题精选	2017—06	38.00	783
中国初等数学研究　2009卷(第1辑)	2009—05	20.00	45
中国初等数学研究　2010卷(第2辑)	2010—05	30.00	68
中国初等数学研究　2011卷(第3辑)	2011—07	60.00	127
中国初等数学研究　2012卷(第4辑)	2012—07	48.00	190
中国初等数学研究　2014卷(第5辑)	2014—02	48.00	288
中国初等数学研究　2015卷(第6辑)	2015—06	68.00	493
中国初等数学研究　2016卷(第7辑)	2016—04	68.00	609
中国初等数学研究　2017卷(第8辑)	2017—01	98.00	712
初等数学研究在中国.第1辑	2019—03	158.00	1024
初等数学研究在中国.第2辑	2019—10	158.00	1116
初等数学研究在中国.第3辑	2021—05	158.00	1306
初等数学研究在中国.第4辑	2022—06	158.00	1520
初等数学研究在中国.第5辑	2023—07	158.00	1635
几何变换(Ⅰ)	2014—07	28.00	353
几何变换(Ⅱ)	2015—06	28.00	354
几何变换(Ⅲ)	2015—01	38.00	355
几何变换(Ⅳ)	2015—12	38.00	356
初等数论难题集(第一卷)	2009—05	68.00	44
初等数论难题集(第二卷)(上、下)	2011—02	128.00	82,83
数论概貌	2011—03	18.00	93
代数数论(第二版)	2013—08	58.00	94
代数多项式	2014—06	38.00	289
初等数论的知识与问题	2011—02	28.00	95
超越数论基础	2011—03	28.00	96
数论初等教程	2011—03	28.00	97
数论基础	2011—03	18.00	98
数论基础与维诺格拉多夫	2014—05	18.00	292
解析数论基础	2012—08	28.00	216
解析数论基础(第二版)	2014—01	48.00	287
解析数论问题集(第二版)(原版引进)	2014—05	88.00	343
解析数论问题集(第二版)(中译本)	2016—04	88.00	607
解析数论基础(潘承洞,潘承彪著)	2016—07	98.00	673
解析数论导引	2016—07	58.00	674
数论入门	2011—03	38.00	99
代数数论入门	2015—03	38.00	448

刘培杰数学工作室
已出版(即将出版)图书目录——初等数学

书 名	出版时间	定 价	编号
数论开篇	2012—07	28.00	194
解析数论引论	2011—03	48.00	100
Barban Davenport Halberstam 均值和	2009—01	40.00	33
基础数论	2011—03	28.00	101
初等数论 100 例	2011—05	18.00	122
初等数论经典例题	2012—07	18.00	204
最新世界各国数学奥林匹克中的初等数论试题(上、下)	2012—01	138.00	144,145
初等数论（Ⅰ）	2012—01	18.00	156
初等数论（Ⅱ）	2012—01	18.00	157
初等数论（Ⅲ）	2012—01	28.00	158
平面几何与数论中未解决的新老问题	2013—01	68.00	229
代数数论简史	2014—11	28.00	408
代数数论	2015—09	88.00	532
代数、数论及分析习题集	2016—11	98.00	695
数论导引提要及习题解答	2016—01	48.00	559
素数定理的初等证明.第2版	2016—09	48.00	686
数论中的模函数与狄利克雷级数(第二版)	2017—11	78.00	837
数论:数学引引	2018—01	68.00	849
范氏大代数	2019—02	98.00	1016
解析数学讲义.第一卷,导来式及微分、积分、级数	2019—04	88.00	1021
解析数学讲义.第二卷,关于几何的应用	2019—04	68.00	1022
解析数学讲义.第三卷,解析函数论	2019—04	78.00	1023
分析·组合·数论纵横谈	2019—04	58.00	1039
Hall代数:民国时期的中学数学课本:英文	2019—08	88.00	1106
基谢廖夫初等代数	2022—07	38.00	1531
基谢廖夫算术	2024—05	48.00	1725
数学精神巡礼	2019—01	58.00	731
数学眼光透视(第2版)	2017—06	78.00	732
数学思想领悟(第2版)	2018—01	68.00	733
数学方法溯源(第2版)	2018—08	68.00	734
数学解题引论	2017—05	58.00	735
数学史话览胜(第2版)	2017—01	48.00	736
数学应用展观(第2版)	2017—08	68.00	737
数学建模尝试	2018—04	48.00	738
数学竞赛采风	2018—01	68.00	739
数学测评探营	2019—05	58.00	740
数学技能操握	2018—03	48.00	741
数学欣赏拾趣	2018—02	48.00	742
从毕达哥拉斯到怀尔斯	2007—10	48.00	9
从迪利克雷到维斯卡尔迪	2008—01	48.00	21
从哥德巴赫到陈景润	2008—05	98.00	35
从庞加莱到佩雷尔曼	2011—08	138.00	136
博弈论精粹	2008—03	58.00	30
博弈论精粹.第二版(精装)	2015—01	88.00	461
数学 我爱你	2008—01	28.00	20
精神的圣徒 别样的人生——60位中国数学家成长的历程	2008—09	48.00	39
数学史概论	2009—06	78.00	50

刘培杰数学工作室
已出版(即将出版)图书目录——初等数学

书　名	出版时间	定价	编号
数学史概论(精装)	2013—03	158.00	272
数学史选讲	2016—01	48.00	544
斐波那契数列	2010—02	28.00	65
数学拼盘和斐波那契魔方	2010—07	38.00	72
斐波那契数列欣赏(第2版)	2018—08	58.00	948
Fibonacci 数列中的明珠	2018—06	58.00	928
数学的创造	2011—02	48.00	85
数学美与创造力	2016—01	48.00	595
数海拾贝	2016—01	48.00	590
数学中的美(第2版)	2019—04	68.00	1057
数论中的美学	2014—12	38.00	351
数学王者　科学巨人——高斯	2015—01	28.00	428
振兴祖国数学的圆梦之旅:中国初等数学研究史话	2015—06	98.00	490
二十世纪中国数学史料研究	2015—10	48.00	536
《九章算法比类大全》校注	2024—06	198.00	1695
数字谜、数阵图与棋盘覆盖	2016—01	58.00	298
数学概念的进化:一个初步的研究	2023—07	68.00	1683
数学发现的艺术:数学探索中的合情推理	2016—07	58.00	671
活跃在数学中的参数	2016—07	48.00	675
数海趣史	2021—05	98.00	1314
玩转幻中之幻	2023—08	88.00	1682
数学艺术品	2023—09	98.00	1685
数学博弈与游戏	2023—10	68.00	1692
数学解题——靠数学思想给力(上)	2011—07	38.00	131
数学解题——靠数学思想给力(中)	2011—07	48.00	132
数学解题——靠数学思想给力(下)	2011—07	38.00	133
我怎样解题	2013—01	48.00	227
数学解题中的物理方法	2011—06	28.00	114
数学解题的特殊方法	2011—06	48.00	115
中学数学计算技巧(第2版)	2020—10	48.00	1220
中学数学证明方法	2012—01	58.00	117
数学趣题巧解	2012—03	28.00	128
高中数学教学通鉴	2015—05	58.00	479
和高中生漫谈:数学与哲学的故事	2014—08	28.00	369
算术问题集	2017—03	38.00	789
张教授讲数学	2018—07	38.00	933
陈永明实话实说数学教学	2020—04	68.00	1132
中学数学学科知识与教学能力	2020—06	58.00	1155
怎样把课讲好:大罕数学教学随笔	2022—03	58.00	1484
中国高考评价体系下高考数学探秘	2022—03	48.00	1487
数苑漫步	2024—01	58.00	1670
自主招生考试中的参数方程问题	2015—01	28.00	435
自主招生考试中的极坐标问题	2015—04	28.00	463
近年全国重点大学自主招生数学试题全解及研究.华约卷	2015—02	38.00	441
近年全国重点大学自主招生数学试题全解及研究.北约卷	2016—05	38.00	619
自主招生数学解证宝典	2015—09	48.00	535
中国科学技术大学创新班数学真题解析	2022—03	48.00	1488
中国科学技术大学创新班物理真题解析	2022—03	58.00	1489
格点和面积	2012—07	18.00	191
射影几何趣谈	2012—04	28.00	175
斯潘纳尔引理——从一道加拿大数学奥林匹克试题谈起	2014—01	28.00	228
李普希兹条件——从几道近年高考数学试题谈起	2012—10	18.00	221
拉格朗日中值定理——从一道北京高考试题的解法谈起	2015—10	18.00	197

刘培杰数学工作室
已出版(即将出版)图书目录——初等数学

书　　名	出版时间	定　价	编号
闵科夫斯基定理——从一道清华大学自主招生试题谈起	2014—01	28.00	198
哈尔测度——从一道冬令营试题的背景谈起	2012—08	28.00	202
切比雪夫逼近问题——从一道中国台北数学奥林匹克试题谈起	2013—04	38.00	238
伯恩斯坦多项式与贝齐尔曲面——从一道全国高中数学联赛试题谈起	2013—03	38.00	236
卡塔兰猜想——从一道普特南竞赛试题谈起	2013—06	18.00	256
麦卡锡函数和阿克曼函数——从一道前南斯拉夫数学奥林匹克试题谈起	2012—08	18.00	201
贝蒂定理与拉姆贝克莫斯尔定理——从一个拣石子游戏谈起	2012—08	18.00	217
皮亚诺曲线和豪斯道夫分球定理——从无限集谈起	2012—08	18.00	211
平面凸曲形与凸多面体	2012—10	28.00	218
斯坦因豪斯问题——从一道二十五省市自治区中学数学竞赛试题谈起	2012—07	18.00	196
纽结理论中的亚历山大多项式与琼斯多项式——从一道北京市高一数学竞赛试题谈起	2012—07	28.00	195
原则与策略——从波利亚"解题表"谈起	2013—04	38.00	244
转化与化归——从三大尺规作图不能问题谈起	2012—08	28.00	214
代数几何中的贝祖定理(第一版)——从一道IMO试题的解法谈起	2013—08	18.00	193
成功连贯理论与约当块理论——从一道比利时数学竞赛试题谈起	2012—04	18.00	180
素数判定与大数分解	2014—08	18.00	199
置换多项式及其应用	2012—10	18.00	220
椭圆函数与模函数——从一道美国加州大学洛杉矶分校(UCLA)博士资格考题谈起	2012—10	28.00	219
差分方程的拉格朗日方法——从一道2011年全国高考理科试题的解法谈起	2012—08	28.00	200
力学在几何中的一些应用	2013—01	38.00	240
从根式解到伽罗华理论	2020—01	48.00	1121
康托洛维奇不等式——从一道全国高中联赛试题谈起	2013—03	28.00	337
西格尔引理——从一道第18届IMO试题的解法谈起	即将出版		
罗斯定理——从一道前苏联数学竞赛试题谈起	即将出版		
拉克斯定理和阿廷定理——从一道IMO试题的解法谈起	2014—01	58.00	246
毕卡大定理——从一道美国大学数学竞赛试题谈起	2014—07	18.00	350
贝齐尔曲线——从一道全国高中联赛试题谈起	即将出版		
拉格朗日乘子定理——从一道2005年全国高中联赛试题的高等数学解法谈起	2015—05	28.00	480
雅可比定理——从一道日本数学奥林匹克试题谈起	2013—04	48.00	249
李天岩—约克定理——从一道波兰数学竞赛试题谈起	2014—06	28.00	349
受控理论与初等不等式:从一道IMO试题的解法谈起	2023—03	48.00	1601
布劳维不动点定理——从一道前苏联数学奥林匹克试题谈起	2014—01	38.00	273
伯恩赛德定理——从一道英国数学奥林匹克试题谈起	即将出版		
布查特—莫斯特定理——从一道上海市初中竞赛试题谈起	即将出版		
数论中的同余数问题——从一道普特南竞赛试题谈起	即将出版		
范·德蒙行列式——从一道美国数学奥林匹克试题谈起	即将出版		
中国剩余定理:总数法构建中国历史年表	2015—01	28.00	430
牛顿程序与方程求根——从一道全国高考试题解法谈起	即将出版		
库默尔定理——从一道IMO预选试题谈起	即将出版		
卢丁定理——从一道冬令营试题的解法谈起	即将出版		
沃斯滕霍姆定理——从一道IMO预选试题谈起	即将出版		
卡尔松不等式——从一道莫斯科数学奥林匹克试题谈起	即将出版		
信息论中的香农熵——从一道近年高考压轴题谈起	即将出版		

刘培杰数学工作室
已出版(即将出版)图书目录——初等数学

书　　名	出版时间	定　价	编号
约当不等式——从一道希望杯竞赛试题谈起	即将出版		
拉比诺维奇定理	即将出版		
刘维尔定理——从一道《美国数学月刊》征解问题的解法谈起	即将出版		
卡塔兰恒等式与级数求和——从一道IMO试题的解法谈起	即将出版		
勒让德猜想与素数分布——从一道爱尔兰竞赛试题谈起	即将出版		
天平称重与信息论——从一道基辅市数学奥林匹克试题谈起	即将出版		
哈密尔顿-凯莱定理:从一道高中数学联赛试题的解法谈起	2014—09	18.00	376
艾思特曼定理——从一道CMO试题的解法谈起	即将出版		
阿贝尔恒等式与经典不等式及应用	2018—06	98.00	923
迪利克雷除数问题	2018—07	48.00	930
幻方、幻立方与拉丁方	2019—08	48.00	1092
帕斯卡三角形	2014—03	18.00	294
蒲丰投针问题——从2009年清华大学的一道自主招生试题谈起	2014—01	38.00	295
斯图姆定理——从一道"华约"自主招生试题的解法谈起	2014—01	18.00	296
许瓦兹引理——从一道加利福尼亚大学伯克利分校数学系博士生试题谈起	2014—08	18.00	297
拉姆塞定理——从王诗宬院士的一个问题谈起	2016—04	48.00	299
坐标法	2013—12	28.00	332
数论三角形	2014—04	38.00	341
毕克定理	2014—07	18.00	352
数林掠影	2014—09	48.00	389
我们周围的概率	2014—10	38.00	390
凸函数最值定理:从一道华约自主招生题的解法谈起	2014—10	28.00	391
易学与数学奥林匹克	2014—10	38.00	392
生物数学趣谈	2015—01	18.00	409
反演	2015—01	28.00	420
因式分解与圆锥曲线	2015—01	18.00	426
轨迹	2015—01	28.00	427
面积原理:从常庚哲命的一道CMO试题的积分解法谈起	2015—01	48.00	431
形形色色的不动点定理:从一道28届IMO试题谈起	2015—01	38.00	439
柯西函数方程:从一道上海交大自主招生的试题谈起	2015—02	28.00	440
三角恒等式	2015—02	28.00	442
无理性判定:从一道2014年"北约"自主招生试题谈起	2015—01	38.00	443
数学归纳法	2015—03	18.00	451
极端原理与解题	2015—04	28.00	464
法雷级数	2014—08	18.00	367
摆线族	2015—01	38.00	438
函数方程及其解法	2015—05	38.00	470
含参数的方程和不等式	2012—09	28.00	213
希尔伯特第十问题	2016—01	38.00	543
无穷小量的求和	2016—01	28.00	545
切比雪夫多项式:从一道清华大学金秋营试题谈起	2016—01	38.00	583
泽肯多夫定理	2016—03	38.00	599
代数等式证题法	2016—01	28.00	600
三角等式证题法	2016—01	28.00	601
吴大任教授藏书中的一个因式分解公式:从一道美国数学邀请赛试题的解法谈起	2016—06	28.00	656
易卦——类万物的数学模型	2017—08	68.00	838
"不可思议"的数与数系可持续发展	2018—01	38.00	878
最短线	2018—01	38.00	879
数学在天文、地理、光学、机械力学中的一些应用	2023—03	88.00	1576
从阿基米德三角形谈起	2023—01	28.00	1578

刘培杰数学工作室
已出版(即将出版)图书目录——初等数学

书 名	出版时间	定 价	编号
幻方和魔方(第一卷)	2012—05	68.00	173
尘封的经典——初等数学经典文献选读(第一卷)	2012—07	48.00	205
尘封的经典——初等数学经典文献选读(第二卷)	2012—07	38.00	206
初级方程式论	2011—03	28.00	106
初等数学研究(Ⅰ)	2008—09	68.00	37
初等数学研究(Ⅱ)(上、下)	2009—05	118.00	46,47
初等数学专题研究	2022—10	68.00	1568
趣味初等方程妙题集锦	2014—09	48.00	388
趣味初等数论选美与欣赏	2015—02	48.00	445
耕读笔记(上卷):一位农民数学爱好者的初数探索	2015—04	28.00	459
耕读笔记(中卷):一位农民数学爱好者的初数探索	2015—05	28.00	483
耕读笔记(下卷):一位农民数学爱好者的初数探索	2015—05	28.00	484
几何不等式研究与欣赏.上卷	2016—01	88.00	547
几何不等式研究与欣赏.下卷	2016—01	48.00	552
初等数列研究与欣赏·上	2016—01	48.00	570
初等数列研究与欣赏·下	2016—01	48.00	571
趣味初等函数研究与欣赏.上	2016—09	48.00	684
趣味初等函数研究与欣赏.下	2018—09	48.00	685
三角不等式研究与欣赏	2020—10	68.00	1197
新编平面解析几何解题方法研究与欣赏	2021—10	78.00	1426
火柴游戏(第2版)	2022—05	38.00	1493
智力解谜.第1卷	2017—07	38.00	613
智力解谜.第2卷	2017—07	38.00	614
故事智力	2016—07	48.00	615
名人们喜欢的智力问题	2020—01	48.00	616
数学大师的发现、创造与失误	2018—01	48.00	617
异曲同工	2018—09	48.00	618
数学的味道(第2版)	2023—10	68.00	1686
数学千字文	2018—10	68.00	977
数贝偶拾——高考数学题研究	2014—04	28.00	274
数贝偶拾——初等数学研究	2014—04	38.00	275
数贝偶拾——奥数题研究	2014—04	48.00	276
钱昌本教你快乐学数学(上)	2011—12	48.00	155
钱昌本教你快乐学数学(下)	2012—03	58.00	171
集合、函数与方程	2014—01	28.00	300
数列与不等式	2014—01	38.00	301
三角与平面向量	2014—01	28.00	302
平面解析几何	2014—01	38.00	303
立体几何与组合	2014—01	28.00	304
极限与导数、数学归纳法	2014—01	38.00	305
趣味数学	2014—03	28.00	306
教材教法	2014—04	68.00	307
自主招生	2014—05	58.00	308
高考压轴题(上)	2015—01	48.00	309
高考压轴题(下)	2014—10	68.00	310

刘培杰数学工作室
已出版(即将出版)图书目录——初等数学

书　　名	出版时间	定　价	编号
从费马到怀尔斯——费马大定理的历史	2013—10	198.00	I
从庞加莱到佩雷尔曼——庞加莱猜想的历史	2013—10	298.00	II
从切比雪夫到爱尔特希(上)——素数定理的初等证明	2013—07	48.00	III
从切比雪夫到爱尔特希(下)——素数定理100年	2012—12	98.00	III
从高斯到盖尔方特——二次域的高斯猜想	2013—10	198.00	IV
从库默尔到朗兰兹——朗兰兹猜想的历史	2014—01	98.00	V
从比勃巴赫到德布朗斯——比勃巴赫猜想的历史	2014—02	298.00	VI
从麦比乌斯到陈省身——麦比乌斯变换与麦比乌斯带	2014—02	298.00	VII
从布尔到豪斯道夫——布尔方程与格论漫谈	2013—10	198.00	VIII
从开普勒到阿诺德——三体问题的历史	2014—05	298.00	IX
从华林到华罗庚——华林问题的历史	2013—10	298.00	X
美国高中数学竞赛五十讲.第1卷(英文)	2014—08	28.00	357
美国高中数学竞赛五十讲.第2卷(英文)	2014—08	28.00	358
美国高中数学竞赛五十讲.第3卷(英文)	2014—09	28.00	359
美国高中数学竞赛五十讲.第4卷(英文)	2014—09	28.00	360
美国高中数学竞赛五十讲.第5卷(英文)	2014—10	28.00	361
美国高中数学竞赛五十讲.第6卷(英文)	2014—11	28.00	362
美国高中数学竞赛五十讲.第7卷(英文)	2014—12	28.00	363
美国高中数学竞赛五十讲.第8卷(英文)	2015—01	28.00	364
美国高中数学竞赛五十讲.第9卷(英文)	2015—01	28.00	365
美国高中数学竞赛五十讲.第10卷(英文)	2015—02	38.00	366
三角函数(第2版)	2017—04	38.00	626
不等式	2014—01	38.00	312
数列	2014—01	38.00	313
方程(第2版)	2017—04	38.00	624
排列和组合	2014—01	28.00	315
极限与导数(第2版)	2016—04	38.00	635
向量(第2版)	2018—08	58.00	627
复数及其应用	2014—08	28.00	318
函数	2014—01	38.00	319
集合	2020—01	48.00	320
直线与平面	2014—01	28.00	321
立体几何(第2版)	2016—04	38.00	629
解三角形	即将出版		323
直线与圆(第2版)	2016—11	38.00	631
圆锥曲线(第2版)	2016—09	48.00	632
解题通法(一)	2014—07	38.00	326
解题通法(二)	2014—07	38.00	327
解题通法(三)	2014—05	38.00	328
概率与统计	2014—01	28.00	329
信息迁移与算法	即将出版		330

刘培杰数学工作室
已出版(即将出版)图书目录——初等数学

书 名	出版时间	定 价	编号
IMO 50 年.第 1 卷(1959—1963)	2014—11	28.00	377
IMO 50 年.第 2 卷(1964—1968)	2014—11	28.00	378
IMO 50 年.第 3 卷(1969—1973)	2014—09	28.00	379
IMO 50 年.第 4 卷(1974—1978)	2016—04	38.00	380
IMO 50 年.第 5 卷(1979—1984)	2015—04	38.00	381
IMO 50 年.第 6 卷(1985—1989)	2015—04	58.00	382
IMO 50 年.第 7 卷(1990—1994)	2016—01	48.00	383
IMO 50 年.第 8 卷(1995—1999)	2016—06	38.00	384
IMO 50 年.第 9 卷(2000—2004)	2015—04	58.00	385
IMO 50 年.第 10 卷(2005—2009)	2016—01	48.00	386
IMO 50 年.第 11 卷(2010—2015)	2017—03	48.00	646
数学反思(2006—2007)	2020—09	88.00	915
数学反思(2008—2009)	2019—01	68.00	917
数学反思(2010—2011)	2018—05	58.00	916
数学反思(2012—2013)	2019—01	58.00	918
数学反思(2014—2015)	2019—03	78.00	919
数学反思(2016—2017)	2021—03	58.00	1286
数学反思(2018—2019)	2023—01	88.00	1593
历届美国大学生数学竞赛试题集.第一卷(1938—1949)	2015—01	28.00	397
历届美国大学生数学竞赛试题集.第二卷(1950—1959)	2015—01	28.00	398
历届美国大学生数学竞赛试题集.第三卷(1960—1969)	2015—01	28.00	399
历届美国大学生数学竞赛试题集.第四卷(1970—1979)	2015—01	18.00	400
历届美国大学生数学竞赛试题集.第五卷(1980—1989)	2015—01	28.00	401
历届美国大学生数学竞赛试题集.第六卷(1990—1999)	2015—01	28.00	402
历届美国大学生数学竞赛试题集.第七卷(2000—2009)	2015—08	18.00	403
历届美国大学生数学竞赛试题集.第八卷(2010—2012)	2015—01	18.00	404
新课标高考数学创新题解题诀窍:总论	2014—09	28.00	372
新课标高考数学创新题解题诀窍:必修 1~5 分册	2014—08	38.00	373
新课标高考数学创新题解题诀窍:选修 2—1,2—2,1—1,1—2 分册	2014—09	38.00	374
新课标高考数学创新题解题诀窍:选修 2—3,4—4,4—5 分册	2014—09	18.00	375
全国重点大学自主招生英文数学试题全攻略:词汇卷	2015—07	48.00	410
全国重点大学自主招生英文数学试题全攻略:概念卷	2015—01	28.00	411
全国重点大学自主招生英文数学试题全攻略:文章选读卷(上)	2016—09	38.00	412
全国重点大学自主招生英文数学试题全攻略:文章选读卷(下)	2017—01	58.00	413
全国重点大学自主招生英文数学试题全攻略:试题卷	2015—07	38.00	414
全国重点大学自主招生英文数学试题全攻略:名著欣赏卷	2017—03	48.00	415
劳埃德数学趣题大全.题目卷.1:英文	2016—01	18.00	516
劳埃德数学趣题大全.题目卷.2:英文	2016—01	18.00	517
劳埃德数学趣题大全.题目卷.3:英文	2016—01	18.00	518
劳埃德数学趣题大全.题目卷.4:英文	2016—01	18.00	519
劳埃德数学趣题大全.题目卷.5:英文	2016—01	18.00	520
劳埃德数学趣题大全.答案卷:英文	2016—01	18.00	521

刘培杰数学工作室
已出版(即将出版)图书目录——初等数学

书　名	出版时间	定　价	编号
李成章教练奥数笔记.第1卷	2016—01	48.00	522
李成章教练奥数笔记.第2卷	2016—01	48.00	523
李成章教练奥数笔记.第3卷	2016—01	38.00	524
李成章教练奥数笔记.第4卷	2016—01	38.00	525
李成章教练奥数笔记.第5卷	2016—01	38.00	526
李成章教练奥数笔记.第6卷	2016—01	38.00	527
李成章教练奥数笔记.第7卷	2016—01	38.00	528
李成章教练奥数笔记.第8卷	2016—01	48.00	529
李成章教练奥数笔记.第9卷	2016—01	28.00	530
第19~23届"希望杯"全国数学邀请赛试题审题要津详细评注(初一版)	2014—03	28.00	333
第19~23届"希望杯"全国数学邀请赛试题审题要津详细评注(初二、初三版)	2014—03	38.00	334
第19~23届"希望杯"全国数学邀请赛试题审题要津详细评注(高一版)	2014—03	28.00	335
第19~23届"希望杯"全国数学邀请赛试题审题要津详细评注(高二版)	2014—03	38.00	336
第19~25届"希望杯"全国数学邀请赛试题审题要津详细评注(初一版)	2015—01	38.00	416
第19~25届"希望杯"全国数学邀请赛试题审题要津详细评注(初二、初三版)	2015—01	58.00	417
第19~25届"希望杯"全国数学邀请赛试题审题要津详细评注(高一版)	2015—01	48.00	418
第19~25届"希望杯"全国数学邀请赛试题审题要津详细评注(高二版)	2015—01	48.00	419
物理奥林匹克竞赛大题典——力学卷	2014—11	48.00	405
物理奥林匹克竞赛大题典——热学卷	2014—04	28.00	339
物理奥林匹克竞赛大题典——电磁学卷	2015—07	48.00	406
物理奥林匹克竞赛大题典——光学与近代物理卷	2014—06	28.00	345
历届中国东南地区数学奥林匹克试题及解答	2024—06	68.00	1724
历届中国西部地区数学奥林匹克试题集(2001~2012)	2014—07	18.00	347
历届中国女子数学奥林匹克试题集(2002~2012)	2014—08	18.00	348
数学奥林匹克在中国	2014—06	98.00	344
数学奥林匹克问题集	2014—01	38.00	267
数学奥林匹克不等式散论	2010—06	38.00	124
数学奥林匹克不等式欣赏	2011—09	38.00	138
数学奥林匹克超级题库(初中卷上)	2010—01	58.00	66
数学奥林匹克不等式证明方法和技巧(上、下)	2011—08	158.00	134,135
他们学什么:原民主德国中学数学课本	2016—09	38.00	658
他们学什么:英国中学数学课本	2016—09	38.00	659
他们学什么:法国中学数学课本.1	2016—09	38.00	660
他们学什么:法国中学数学课本.2	2016—09	28.00	661
他们学什么:法国中学数学课本.3	2016—09	38.00	662
他们学什么:苏联中学数学课本	2016—09	28.00	679

刘培杰数学工作室
已出版(即将出版)图书目录——初等数学

书　　名	出版时间	定　价	编号
高中数学题典——集合与简易逻辑·函数	2016—07	48.00	647
高中数学题典——导数	2016—07	48.00	648
高中数学题典——三角函数·平面向量	2016—07	48.00	649
高中数学题典——数列	2016—07	58.00	650
高中数学题典——不等式·推理与证明	2016—07	38.00	651
高中数学题典——立体几何	2016—07	48.00	652
高中数学题典——平面解析几何	2016—07	78.00	653
高中数学题典——计数原理·统计·概率·复数	2016—07	48.00	654
高中数学题典——算法·平面几何·初等数论·组合数学·其他	2016—07	68.00	655
台湾地区奥林匹克数学竞赛试题.小学一年级	2017—03	38.00	722
台湾地区奥林匹克数学竞赛试题.小学二年级	2017—03	38.00	723
台湾地区奥林匹克数学竞赛试题.小学三年级	2017—03	38.00	724
台湾地区奥林匹克数学竞赛试题.小学四年级	2017—03	38.00	725
台湾地区奥林匹克数学竞赛试题.小学五年级	2017—03	38.00	726
台湾地区奥林匹克数学竞赛试题.小学六年级	2017—03	38.00	727
台湾地区奥林匹克数学竞赛试题.初中一年级	2017—03	38.00	728
台湾地区奥林匹克数学竞赛试题.初中二年级	2017—03	38.00	729
台湾地区奥林匹克数学竞赛试题.初中三年级	2017—03	28.00	730
不等式证题法	2017—04	28.00	747
平面几何培优教程	2019—08	88.00	748
奥数鼎级培优教程.高一分册	2018—09	88.00	749
奥数鼎级培优教程.高二分册.上	2018—04	68.00	750
奥数鼎级培优教程.高二分册.下	2018—04	68.00	751
高中数学竞赛冲刺宝典	2019—04	68.00	883
初中尖子生数学超级题典.实数	2017—07	58.00	792
初中尖子生数学超级题典.式、方程与不等式	2017—08	58.00	793
初中尖子生数学超级题典.圆、面积	2017—08	38.00	794
初中尖子生数学超级题典.函数、逻辑推理	2017—08	48.00	795
初中尖子生数学超级题典.角、线段、三角形与多边形	2017—07	58.00	796
数学王子——高斯	2018—01	48.00	858
坎坷奇星——阿贝尔	2018—01	48.00	859
闪烁奇星——伽罗瓦	2018—01	58.00	860
无穷统帅——康托尔	2018—01	48.00	861
科学公主——柯瓦列夫斯卡娅	2018—01	48.00	862
抽象代数之母——埃米·诺特	2018—01	48.00	863
电脑先驱——图灵	2018—01	58.00	864
昔日神童——维纳	2018—01	48.00	865
数坛怪侠——爱尔特希	2018—01	68.00	866
传奇数学家徐利治	2019—09	88.00	1110

刘培杰数学工作室
已出版(即将出版)图书目录——初等数学

书　　名	出版时间	定　价	编号
当代世界中的数学.数学思想与数学基础	2019－01	38.00	892
当代世界中的数学.数学问题	2019－01	38.00	893
当代世界中的数学.应用数学与数学应用	2019－01	38.00	894
当代世界中的数学.数学王国的新疆域(一)	2019－01	38.00	895
当代世界中的数学.数学王国的新疆域(二)	2019－01	38.00	896
当代世界中的数学.数林撷英(一)	2019－01	38.00	897
当代世界中的数学.数林撷英(二)	2019－01	48.00	898
当代世界中的数学.数学之路	2019－01	38.00	899
105个代数问题:来自AwesomeMath夏季课程	2019－02	58.00	956
106个几何问题:来自AwesomeMath夏季课程	2020－07	58.00	957
107个几何问题:来自AwesomeMath全年课程	2020－07	58.00	958
108个代数问题:来自AwesomeMath全年课程	2019－01	68.00	959
109个不等式:来自AwesomeMath夏季课程	2019－04	58.00	960
110个几何问题:选自各国数学奥林匹克竞赛	2024－04	58.00	961
111个代数和数论问题	2019－05	58.00	962
112个组合问题:来自AwesomeMath夏季课程	2019－05	58.00	963
113个几何不等式:来自AwesomeMath夏季课程	2020－08	58.00	964
114个指数和对数问题:来自AwesomeMath夏季课程	2019－09	48.00	965
115个三角问题:来自AwesomeMath夏季课程	2019－09	58.00	966
116个代数不等式:来自AwesomeMath全年课程	2019－04	58.00	967
117个多项式问题:来自AwesomeMath夏季课程	2021－09	58.00	1409
118个数学竞赛不等式	2022－08	78.00	1526
119个三角问题	2024－05	58.00	1726
紫色彗星国际数学竞赛试题	2019－02	58.00	999
数学竞赛中的数学:为数学爱好者、父母、教师和教练准备的丰富资源.第一部	2020－04	58.00	1141
数学竞赛中的数学:为数学爱好者、父母、教师和教练准备的丰富资源.第二部	2020－07	48.00	1142
和与积	2020－10	38.00	1219
数论:概念和问题	2020－12	68.00	1257
初等数学问题研究	2021－03	48.00	1270
数学奥林匹克中的欧几里得几何	2021－10	68.00	1413
数学奥林匹克题解新编	2022－01	58.00	1430
图论入门	2022－09	58.00	1554
新的、更新的、最新的不等式	2023－07	58.00	1650
几何不等式相关问题	2024－04	58.00	1721
数学归纳法——一种高效而简捷的证明方法	2024－06	48.00	1738
数学竞赛中奇妙的多项式	2024－01	78.00	1646
120个奇妙的代数问题及20个奖励问题	2024－04	48.00	1647

刘培杰数学工作室
已出版(即将出版)图书目录——初等数学

书　　名	出版时间	定　价	编号
澳大利亚中学数学竞赛试题及解答(初级卷)1978～1984	2019—02	28.00	1002
澳大利亚中学数学竞赛试题及解答(初级卷)1985～1991	2019—02	28.00	1003
澳大利亚中学数学竞赛试题及解答(初级卷)1992～1998	2019—02	28.00	1004
澳大利亚中学数学竞赛试题及解答(初级卷)1999～2005	2019—02	28.00	1005
澳大利亚中学数学竞赛试题及解答(中级卷)1978～1984	2019—03	28.00	1006
澳大利亚中学数学竞赛试题及解答(中级卷)1985～1991	2019—03	28.00	1007
澳大利亚中学数学竞赛试题及解答(中级卷)1992～1998	2019—03	28.00	1008
澳大利亚中学数学竞赛试题及解答(中级卷)1999～2005	2019—03	28.00	1009
澳大利亚中学数学竞赛试题及解答(高级卷)1978～1984	2019—05	28.00	1010
澳大利亚中学数学竞赛试题及解答(高级卷)1985～1991	2019—05	28.00	1011
澳大利亚中学数学竞赛试题及解答(高级卷)1992～1998	2019—05	28.00	1012
澳大利亚中学数学竞赛试题及解答(高级卷)1999～2005	2019—05	28.00	1013
天才中小学生智力测验题.第一卷	2019—03	38.00	1026
天才中小学生智力测验题.第二卷	2019—03	38.00	1027
天才中小学生智力测验题.第三卷	2019—03	38.00	1028
天才中小学生智力测验题.第四卷	2019—03	38.00	1029
天才中小学生智力测验题.第五卷	2019—03	38.00	1030
天才中小学生智力测验题.第六卷	2019—03	38.00	1031
天才中小学生智力测验题.第七卷	2019—03	38.00	1032
天才中小学生智力测验题.第八卷	2019—03	38.00	1033
天才中小学生智力测验题.第九卷	2019—03	38.00	1034
天才中小学生智力测验题.第十卷	2019—03	38.00	1035
天才中小学生智力测验题.第十一卷	2019—03	38.00	1036
天才中小学生智力测验题.第十二卷	2019—03	38.00	1037
天才中小学生智力测验题.第十三卷	2019—03	38.00	1038
重点大学自主招生数学备考全书:函数	2020—05	48.00	1047
重点大学自主招生数学备考全书:导数	2020—08	48.00	1048
重点大学自主招生数学备考全书:数列与不等式	2019—10	78.00	1049
重点大学自主招生数学备考全书:三角函数与平面向量	2020—08	68.00	1050
重点大学自主招生数学备考全书:平面解析几何	2020—07	58.00	1051
重点大学自主招生数学备考全书:立体几何与平面几何	2019—08	48.00	1052
重点大学自主招生数学备考全书:排列组合•概率统计•复数	2019—09	48.00	1053
重点大学自主招生数学备考全书:初等数论与组合数学	2019—08	48.00	1054
重点大学自主招生数学备考全书:重点大学自主招生真题.上	2019—04	68.00	1055
重点大学自主招生数学备考全书:重点大学自主招生真题.下	2019—04	58.00	1056
高中数学竞赛培训教程:平面几何问题的求解方法与策略.上	2018—05	68.00	906
高中数学竞赛培训教程:平面几何问题的求解方法与策略.下	2018—06	78.00	907
高中数学竞赛培训教程:整除与同余以及不定方程	2018—01	88.00	908
高中数学竞赛培训教程:组合计数与组合极值	2018—04	48.00	909
高中数学竞赛培训教程:初等代数	2019—04	78.00	1042
高中数学讲座:数学竞赛基础教程(第一册)	2019—06	48.00	1094
高中数学讲座:数学竞赛基础教程(第二册)	即将出版		1095
高中数学讲座:数学竞赛基础教程(第三册)	即将出版		1096
高中数学讲座:数学竞赛基础教程(第四册)	即将出版		1097

刘培杰数学工作室
已出版(即将出版)图书目录——初等数学

书　名	出版时间	定　价	编号
新编中学数学解题方法1000招丛书.实数(初中版)	2022—05	58.00	1291
新编中学数学解题方法1000招丛书.式(初中版)	2022—05	48.00	1292
新编中学数学解题方法1000招丛书.方程与不等式(初中版)	2021—04	58.00	1293
新编中学数学解题方法1000招丛书.函数(初中版)	2022—05	38.00	1294
新编中学数学解题方法1000招丛书.角(初中版)	2022—05	48.00	1295
新编中学数学解题方法1000招丛书.线段(初中版)	2022—05	48.00	1296
新编中学数学解题方法1000招丛书.三角形与多边形(初中版)	2021—04	48.00	1297
新编中学数学解题方法1000招丛书.圆(初中版)	2022—05	48.00	1298
新编中学数学解题方法1000招丛书.面积(初中版)	2021—07	28.00	1299
新编中学数学解题方法1000招丛书.逻辑推理(初中版)	2022—06	48.00	1300
高中数学题典精编.第一辑.函数	2022—01	58.00	1444
高中数学题典精编.第一辑.导数	2022—01	68.00	1445
高中数学题典精编.第一辑.三角函数・平面向量	2022—01	68.00	1446
高中数学题典精编.第一辑.数列	2022—01	58.00	1447
高中数学题典精编.第一辑.不等式・推理与证明	2022—01	58.00	1448
高中数学题典精编.第一辑.立体几何	2022—01	58.00	1449
高中数学题典精编.第一辑.平面解析几何	2022—01	68.00	1450
高中数学题典精编.第一辑.统计・概率・平面几何	2022—01	58.00	1451
高中数学题典精编.第一辑.初等数论・组合数学・数学文化・解题方法	2022—01	58.00	1452
历届全国初中数学竞赛试题分类解析.初等代数	2022—09	98.00	1555
历届全国初中数学竞赛试题分类解析.初等数论	2022—09	48.00	1556
历届全国初中数学竞赛试题分类解析.平面几何	2022—09	38.00	1557
历届全国初中数学竞赛试题分类解析.组合	2022—09	38.00	1558
从三道高三数学模拟题的背景谈起:兼谈傅里叶三角级数	2023—03	48.00	1651
从一道日本东京大学的入学试题谈起:兼谈π的方方面面	即将出版		1652
从两道2021年福建高三数学测试题谈起:兼谈球面几何学与球面三角学	即将出版		1653
从一道湖南高考数学试题谈起:兼谈有界变差数列	2024—01	48.00	1654
从一道高校自主招生试题谈起:兼谈詹森函数方程	即将出版		1655
从一道上海高考数学试题谈起:兼谈有界变差函数	即将出版		1656
从一道北京大学金秋营数学试题的解法谈起:兼谈伽罗瓦理论	即将出版		1657
从一道北京高考数学试题的解法谈起:兼谈毕克定理	即将出版		1658
从一道北京大学金秋营数学试题的解法谈起:兼谈帕塞瓦尔恒等式	即将出版		1659
从一道高三数学模拟测试题的背景谈起:兼谈等周问题与等周不等式	即将出版		1660
从一道2020年全国高考数学试题的解法谈起:兼谈斐波那契数列和纳卡穆拉定理及奥斯图达定理	即将出版		1661
从一道高考数学附加题谈起:兼谈广义斐波那契数列	即将出版		1662

刘培杰数学工作室
已出版(即将出版)图书目录——初等数学

书　名	出版时间	定　价	编号
代数学教程.第一卷,集合论	2023—08	58.00	1664
代数学教程.第二卷,抽象代数基础	2023—08	68.00	1665
代数学教程.第三卷,数论原理	2023—08	58.00	1666
代数学教程.第四卷,代数方程式论	2023—08	48.00	1667
代数学教程.第五卷,多项式理论	2023—08	58.00	1668
代数学教程.第六卷,线性代数原理	2024—06	98.00	1669
中考数学培优教程——二次函数卷	2024—05	78.00	1718
中考数学培优教程——平面几何最值卷	2024—05	58.00	1719
中考数学培优教程——专题讲座卷	2024—05	58.00	1720

联系地址:哈尔滨市南岗区复华四道街10号　哈尔滨工业大学出版社刘培杰数学工作室
邮　编:150006
联系电话:0451－86281378　　13904613167
E-mail:lpj1378@163.com